都市工学の数理

基礎編

浅見泰司
YASUSHI ASAMI

はじめに

　本書は，東京大学工学部都市工学科で行われてきた都市工学数理，都市工学数理演習など，数理系の科目の授業を行ったノートをもとに作成した，都市工学に必要な最低限の数理的な知識を学習するための教科書である．都市工学科は，一部の学生が「文科Ⅳ類」と自嘲的に呼んだこともある学科であり，理工系の学科でありながら，必ずしも数学や物理学などに強くない学生もいる．また，東京大学の文科系（文科Ⅰ〜Ⅲ類）からも学生が進学する．これらの学生には，通常工学部内で開講される数理系の講義は難解なものが多い．都市工学科内の数理系の講義は，そのような学生にもわかるように，**数学的な厳密さよりも，使えれば良いという割り切った発想**で組み立てられている．本書は，そのような講義ノートを教科書の形で展開したものである．したがって，高度な数理的技術を期待する読者には期待外れに終わるだろう．むしろ，数学が苦手な学生が，ある程度数理的な手法を使えるようになりたい場合に，有意義な内容となっている．

　使えれば良いという水準を目指す時は，注を飛ばして差し支えない．より深く学びたい場合には，興味のある注を読んでみることをお勧めする．ただし，数理系の知識のある学生を飽きさせないために，注の中には比較的高度な内容を述べたものもある．難しすぎると思ったら，読み飛ばしていただいてかまわない．また，初級者を対象にした数理的な書籍では，数式の使用を抑えることが多いが，本書では，あえて多く使用している．それは，演繹過程をより楽に追えることを意図したためである．

　本書では，基礎編として，確率と分布，統計的検定，社会調査法，数学的最適化，回帰分析について解説する．

　先達の先生方には，数理系の講義を通して数理的な論理構造の面白さを教えていただいた．都市工学専攻の数理系講義を担当された同僚の先生方，TA の皆さんには様々な刺激を与えていただいた．受講生の皆さんには，的確な質問

や，時には爆睡という反応も含めて内容に関する反省の機会を与えてくださった．日本評論社の斎藤博氏にはとりまとめにあたって大変お世話になった．ここに記してすべての皆様に謝意を表したい．

2014年12月

著　者

目　次

はじめに　iii

1　確率と分布 ──────────────────── 1

1-1　確率　1
1-2　離散分布と連続分布　3
1-3　分布の特性値　6
1-4　一様分布と一様乱数　8
1-5　大数法則　9
1-6　二項分布　10
1-7　ポアソン分布　12
1-8　正規分布　14
1-9　中心極限定理　16
1-10　分布の再生性　17
1-11　分布のあてはめ　24

2　統計的検定 ──────────────────── 27

2-1　統計的検定　27
2-2　母集団と標本　27
2-3　期待値と分散　28
2-4　検定の考え方　33
2-5　t 検定　34
2-6　F 検定　44
2-7　χ^2 検定　54
2-8　ノンパラメトリック検定　59

3　社会調査法 ─────────────────────── 81

- 3-1　都市情報の取得　81
- 3-2　公的統計調査　81
- 3-3　準公共・民間の統計資料　85
- 3-4　地図情報（GISデータ）　85
- 3-5　社会調査法　86
- 3-6　調査法の特徴　87
- 3-7　調査の実施方法　89
- 3-8　サンプリング　93

4　数学的最適化 ───────────────────── 103

- 4-1　数学的最適化　103
- 4-2　数学的最適化問題の種類　105
- 4-3　制約条件のない場合　108
- 4-4　固有値・固有ベクトル　116
- 4-5　等式制約条件のある場合　120
- 4-6　不等式制約条件のある場合　128
- 4-7　線形計画問題　134
- 4-8　最適化問題の数値解法　138
- 4-9　定式化の例　143

5　回帰分析 ───────────────────────── 149

- 5-1　回帰分析　149
- 5-2　重回帰分析　155
- 5-3　多重共線性の問題　164
- 5-4　結果の解釈の仕方　167
- 5-5　重回帰分析の幾何学的解釈　168
- 5-6　ソフトウェアでの回帰分析　169

補遺　数学基礎　175

索引　179

1 確率と分布

1-1 確率

確率（probability）とは，対象とする事象（event）が起きる程度のことである．正しいサイコロならば，それぞれの目が出る確率はすべて1/6となる．偶数の目が出る確率は1/2であるが，それは，2と4と6の目が出る確率を足し合わせたものになる．足し合わせてちょうどどれかが起きる確率になるには，それぞれの事象が別々に起きるものでなければならない．例えば，ある日に晴れる確率は1/2，雨が降る確率は1/4だとして，晴れるか雨が降る確率は，合計値の3/4になるとは限らない．それは，一日の内に，晴れと雨の両方が起きることもあるからである．

これをもう少し厳密に考えるための概念として，排反事象という概念がある．同時に起こりえない2つの事象を**排反事象**という．上記では，異なるサイコロの目は排反事象，一日の天気としての晴れと雨は排反事象ではない．排反事象ならば，2つのどちらかが起きる確率は，それぞれの起きる確率の和となる．

サイコロの目が偶数になる確率は1/2，3の倍数になる確率は1/3である．偶数かつ3の倍数は6の目しかないので，それが起きる確率は1/6であり，これは偶数になる確率と3の倍数になる確率それぞれの積となる．このように2つの事象が同時に起きる確率がそれぞれの事象の起きる確率の積として表されるとき，2つの事象は**独立**（independent）であるという．これは，我々が日常的に用いる独立とは意味が異なる．2つの事象が互いに関係しあっていれば，普通は独立とは言わない．しかし，統計の世界では，それでも確率がこの性質

1

を満たせば独立と言うのである．例えば，ある中学校の1年生と3年生のそれぞれの身長（単位：cm）が

 1年生　男子生徒：140　145　150　155　女子生徒：140　145
 3年生　男子生徒：145　155　女子生徒：140　140　145　150

であるとする．この場合，明らかに，学年と身長とは関係している．男子生徒でも女子生徒でも，学年が上の方が，平均身長は増えている．しかし，性別を無視すると，学年と身長とは独立となる．数学用語は日常会話の言葉とは異なることもある．そのため，感覚だけで用語を理解しようとすると勘違いすることもあるので，注意が必要である．

上で述べたことを，式を使って，もう少し厳密に述べると以下のようになる．事象を A, B で表すことにし，それが起きる確率を，$P(A), P(B)$ で表すことにする．A または B が起きる事象を $A \cup B$，A かつ B が起きる事象を $A \cap B$ と表すことにする．

加法定理　$P(A \cup B) = P(A) + P(B) - P(A \cap B)$

A または B が起きる確率は，A の起きる確率と B の起きる確率から，A かつ B が起きる確率を差し引いたものである．というのは，A の起きる確率にも B の起きる確率にも A かつ B が起きる確率が含まれているので，二重に加えてしまうために，最後に，一つ分を差し引くのである．

A かつ B が起きる確率が0ならば，最後の差し引きは必要ない．これが A と B が排反事象である場合である．よって，排反事象については，以下の加法定理が成り立つ．

排反事象の加法定理　A と B が排反事象ならば，$P(A \cup B) = P(A) + P(B)$

一般に，B の起きる確率 $P(B)$ と，A が起きる場合に限定して B が起きる確率は同じになるとは限らない．例えば，トランプの数字札（2〜10のカード）でランダムに1枚を選んだ時に，3の倍数の札となる確率は3/9となるが，偶数のカードに限定すると3の倍数の札となる確率は1/5となる．このように，特定の条件下に限定した場合の確率を**条件付き確率**（conditional probability）という．A が起きる場合に限定して B が起きる確率は，A かつ B が起きる確

率を A が起きる確率で割れば良い．

A が起きる場合に限定して B が起きる確率を $P_A(B)$ と書くと，

$$P_A(B) = \frac{P(A \cap B)}{P(A)}$$

となる．両辺に $P(A)$ を乗じた等式は，乗法定理として知られている．

乗法定理 $P(A \cap B) = P(A)P_A(B)$

一般には，条件付き確率はもともとの確率に一致するとは限らないが，A と B が独立な場合は一致する．（というよりも，一致する場合に，独立という．）つまり，A と B が独立だというのと，$P_A(B) = P(B)$ とは同じことである．ちなみに，その場合は，$P_B(A) = P(A)$ も成り立つ（**注 1 - 1**）．その結果，独立事象の場合は，以下の乗法定理が成り立つ．

独立事象の乗法定理 A と B が独立事象ならば，$P(A \cap B) = P(A)P(B)$

注 1 - 1 $P_A(B) = P(B)$ ならば $P_B(A) = P(A)$ であることの証明
$$\begin{aligned}
P_B(A) &= P(A \cap B)/P(B) & \text{［条件付き確率の定義より］} \\
&= P(A)P_A(B)/P(B) & \text{［乗法定理より］} \\
&= P(A)P(B)/P(B) & \text{［$P_A(B) = P(B)$ より］} \\
&= P(A)
\end{aligned}$$

1-2 離散分布と連続分布

分布とはその値をとる「可能性」を表したものである．どのような値をとるかによって，分布の表し方が異なる．まずは，離散的な値しかとらない場合は，**離散分布**と呼ばれる．例えば，サイコロの目の分布は，1〜6の離散的な値しかとらないので，離散分布である．離散分布は，無限個の可能性があってもかまわない．基本は，値を自然数や整数で置き換えることができるかどうかで決まる．離散分布の場合には，その値をとる「可能性」はその値をとる割合であり，確率として分布を表すことができる．そのため，**確率分布** (probability distribution) によって定義できる.

例えば, 血液型の分布で, A型, O型, B型, AB型の割合が0.4, 0.3, 0.2, 0.1とする. それぞれの型を順番に 1, 2, 3, 4 と番号をつけると,

$$P(1) = 0.4,\ P(2) = 0.3,\ P(3) = 0.2,\ P(4) = 0.1$$

となる. 一般に, とりうる値を x とすれば, その確率 $P(x)$ によって, 確率分布が表現される.

ものによっては, もっと連続的な値をとることがある. すなわち, 整数ではなく, 実数に対応づけられるような値をとる場合である. その場合は**連続分布**となる. 例えば, ある製造過程でできあがるネジ穴の口径の正確な寸法の分布は, 製造でねらった口径をほぼ中心とする山形の分布になるだろう. 寸法には若干の誤差が生まれるが, それは連続的な分布として考えるのが自然だろう. 連続分布は, 離散分布の近似として用いられることもある. 例えば, 日本人の身長の分布は, 本来は, 有限の人数しかいないので離散分布であるはずだが, 実際には連続分布を想定して議論されることが多い.

連続分布の場合には, それぞれの値をとる確率という概念は有効ではない. (というよりも, 確率としては 0 となってしまう.) 例えば, 0～1の実数がどの値も同じ「可能性」で選ばれるような一様乱数の場合に, 正確に0.5 (有効数字は無限大!) となる確率は0である. むしろ, 区間があって初めて確率になる. 例えば, 上記の場合に, 0以上0.1以下となる確率が0.1である. このような場合には, 離散分布における確率分布のような分布は**確率密度分布** (probability density distribution) となる. 確率密度関数とは, ある区間に入る確率がその関数の積分値で求められるような関数を言う. 例えば, 0～1の一様乱数の場合の確率密度は, x が 0～1 の場合に $f(x) = 1$, それ以外では 0 という関数で表される.

離散分布と連続分布では, 異なる関数を用いるのは面倒な場合もある. そこで, 統一的な概念を表す関数が考案されている. それが, **(累積)分布関数** ((cumulative) distribution function) である. これは, x 以下の値がでる確率として定義される. 分布関数を $F(x)$ とするとき, 離散分布ならば,

$$F(x) = P(\text{値が } x \text{ 以下}) = \sum_{y \leq x} P(y)$$

1-2 離散分布と連続分布

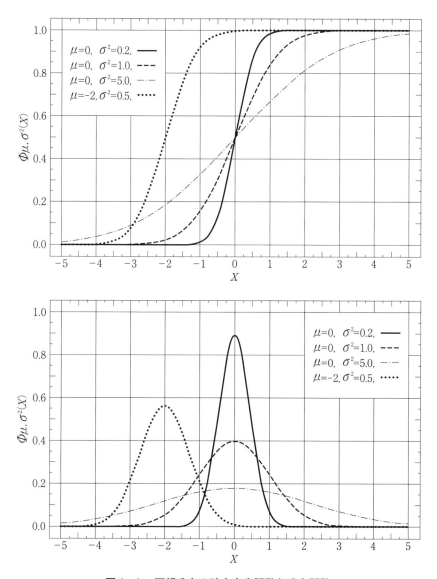

図1-1　正規分布の確率密度関数と分布関数

(source: http://ja.wikipedia.org/wiki/%E6%AD%A3%E8%A6%8F%E5%88%86%E5%B8%83#mediaviewer/%E3%83%95%E3%82%A1%E3%82%A4%E3%83%AB:Normal_Distribution_PDF.svg, http://ja.wikipedia.org/wiki/%E6%AD%A3%E8%A6%8F%E5%88%86%E5%B8%83#mediaviewer/%E3%83%95%E3%82%A1%E3%82%A4%E3%83%AB:Normal_Distribution_CDF.svg)

となる.また,連続分布の場合は,

$$F(x) = P(値が\,x\,以下) = \int_{-\infty}^{x} f(y)dy$$

となる(**注 1-2**).図 1-1 に確率密度関数と分布関数の例を示す.

> **注 1-2** 分布関数の性質
> 分布関数は以下の性質を満たす.
> ① $0 \leq F(x) \leq 1$
> ② 単調非減少関数,つまり,x の増加によって増加するか変わらない(減少することはない)関数
> ③ $\lim_{x \to \infty} F(x) = 1$,$\lim_{x \to -\infty} F(x) = 0$
> ④ $F(x)$ は右側連続,つまり,$\lim_{x \to a+0} F(x) = F(a)$ がすべての a について成り立つ.
> この +0 という意味は,正の方向から近づけた場合の極限という意味である.

1-3 分布の特性値

分布の特徴的な統計値としてよく使われるものに,分布の位置を表す統計値,ばらつきを表す統計値,分布形を表す統計値がある.以下,順に説明する.

分布の位置を表す統計値としては,3 つが有名である.その中でも,最もよく使われるものは,平均値であろう.

平均値(mean)とは,有限な離散分布の場合には,値の総和を値の数で割った値である.より正確には,平均値を μ とすると,離散分布の場合には,

$$\mu = \sum_{x} x P(x)$$

連続分布の場合には,

$$\mu = \int_{x} x f(x) dx$$

となる.

中央値もしばしば使われる.**中央値**(median)とは,ちょうど真ん中の値である.中央値を m とすると,分布関数を使って

$$F(m) = 1/2$$

1-3 分布の特性値

となる．連続分布の場合は，これで一意に定まるが，離散分布の場合にはちょうど偶数個の分布の場合に，悩ましいことが起きる．例えば，1, 2, 3, 4 の中央値は 2 と 3 の中間となる．その場合は便宜的に，最も真ん中の 2 つの値の平均値を使うことが多い．

もう一つの位置を表す統計値として，最頻値がある．**最頻値**（mode）とは，最も頻度が高い値である．離散分布の場合は，$P(x)$ が最大となる x の値，連続分布の場合は $f(x)$ が最大となる x の値である．

ばらつきを表す統計値としては，分散がある．**分散**（variance）とは平均値からの偏差（つまり，値から平均値を引いたもの）の二乗の平均である．分散は次に紹介する標準偏差の二乗値であるために，しばしば，σ^2 と表される．離散分布の場合には，

$$\sigma^2 = \sum_x (x-\mu)^2 P(x)$$

連続分布の場合には，

$$\sigma^2 = \int_x (x-\mu)^2 f(x) dx$$

となる．

標準偏差（standard deviation）もばらつきを表す統計値としてしばしば使われる．標準偏差は分散の平方根である．分散は値の二乗の単位となるのに対して，標準偏差は値と同じ単位になる．例えば，体重の分布の場合に，分散ならば kg^2 という単位となるが，標準偏差は kg という単位となる．単位が同じ場合には，平均値や値との比較が容易となる．

変動係数（coefficient of variation）はその比較を行った統計値で，標準偏差／平均値で定義される．特に正の値しかとらない分布の場合に，変動係数が有効なことがある．

ばらつきを表す他の統計値としては，レンジや平均偏差がある．**レンジ**（range）とは最大値と最小値の差（つまり，値の存在する区間の長さ），**平均偏差**（mean deviation）とは，平均値からの偏差の絶対値の平均である．

分布形を表す統計値としては，歪度と尖度が有名である．**歪度**（skewness）とは，平均値からの偏差の 3 乗の平均を σ^3 で割った値である．左右対称な場合は 0 となるが，正だと右側（大きい側）に広がっている（右すそが重い）分

布となる．例えば，後述する，対数正規分布は右すそが重い分布の例である．

尖度（kurtosis）とは，平均値からの偏差の4乗の平均を σ^4 で割った値である．後述する正規分布の場合は，3となる．それより小さいとより尖っていると評価される．なお，文献によっては，正規分布の場合を基準とするために，3を差し引いて，正規分布の場合を0とするような定義も使われているので注意を要する．歪度や尖度は，与えられた分布が正規分布と見なすことができるかどうかを検定するのに使われることがある（**注1-3**）．

> **練習問題1-1** サイコロの目の分布について，平均値，分散，標準偏差，変動係数，歪度，尖度を求めよ．

注1-3 ジャック・ベラ検定（正規性の検定）

標本（標本の大きさ n とする）から計算される歪度 K と尖度 S をもとに，以下の統計量 JB を計算する．

$$JB = \frac{n}{6}\left[S^2 + \frac{1}{4}(K-3)^2\right]$$

正規分布の場合は，S は 0，K は 3 になるので，この統計量は小さい方が，母集団の分布は正規分布に近いと判断できる．帰無仮説「母集団の歪度＝0，母集団の尖度＝3」を検定することになる．JB は標本データが正規分布から得られた場合には，漸近的に自由度2のカイ二乗分布に従う．これを用いて検定する（Jarque and Bera, 1987）．ただし，標本の大きさ n が小さい（2000未満）ときは，帰無仮説が正しくても棄却されやすくなる．

1-4 一様分布と一様乱数

a から b まで（$a < b$）の範囲でどの値も同じ可能性で出てくるような分布を**一様分布**（uniform distribution）という．英語の頭文字をとって，$U(a, b)$ と表すことがある．この場合，a, b はこの分布のパラメータで，パラメータの値が決まると，分布形が確定する．この確率密度関数は以下のように表される．

$$f(x) = \begin{cases} \dfrac{1}{b-a} & a \leq x \leq b \text{の場合} \\ 0 & \text{それ以外の場合} \end{cases}$$

もっともよく使われる標準的な一様分布は $a=0$, $b=1$ の場合である．その標準的な一様分布から得られる乱数を**一様乱数**（uniform random number）という．一様乱数は，$0 \leq x \leq 1$ の範囲の値となる（**注1-4**）．ちなみに，後述する標準正規分布に従う乱数は，**正規乱数**（normal random number）と呼ばれる（**注1-5**）．

注1-4 範囲の記号

$0 \leq x \leq 1$ の範囲を，$[0,1]$ と書く．ちなみに不等号だけの場合は，(や) を用いる．よって，例えば，$0 \leq x < 1$ ならば，$[0,1)$ と書く．

注1-5 正規乱数

平均値 0，分散 1 の正規分布に従う乱数を正規乱数という．正規乱数は，一様乱数から作り出すことができる．u, v を独立に $U(0,1)$ に従う一様乱数であるとする．すると，
$$R = -2\ln(1-u), \theta = 2\pi v$$
とすると，
$$x = \sqrt{R}\cos\theta$$
$$y = \sqrt{R}\sin\theta$$
で定義される変数 x, y は平均値 0，分散 1 の正規乱数となる．

1-5 大数法則

日本人全員の身長の平均値を知るために，日本人全員を調べることは現実的ではない．そこで，通常は，日本人を適宜サンプリングして，標本の分布を求め，それで近似することとなる．この場合に，データをたくさん集めれば集めるほど，もとの分布に関する正確な情報が集まるという事実は，直感的に正しいと思うだろう．

この法則を統計的に厳密に述べたものが**大数法則**（law of large numbers）である．μ をもとの分布の平均値（もとの分布を母集団とも言うため，その平均値ということで，**母平均**とも言う），$m(n)$ をその分布から n 個ランダムにとった標本の平均値（**標本平均**）であるとする．この時，n を大きくすれば，$m(n)$ は μ に限りなく近づく（収束する）というのが大数法則である（**注1-6**）．

> **注1-6** 大数法則
> 大数法則には，大数の弱法則と大数の強法則というものがある．どちらも，基本的には本文で述べた性質を表しているのであるが，その収束の仕方に若干の差異がある．
>
> **大数の弱法則**（weak law of large numbers）：$n \to \infty$ のとき，
> $$P(|m(n)-\mu| \geq \varepsilon)$$
> はどのような正の ε についても，いくらでも 0 に近くなる．
>
> **大数の強法則**（strong law of large numbers）：ε を任意の正の定数とするとき，
> $$P(|m(n)-\mu| < \varepsilon : n = N, N+1, \cdots)$$
> は N を無限に大きくするとき，いくらでも 1 に近づく．すなわち，$m(n)$ が μ の ε 近傍に入る確率は 1 に収束する．

1-6　二項分布

二項分布は，サイコロを10回投げて 1 の目が 3 回出る確率を求めるような場合に，有益な分布である．ある事象が起きる確率 p が一定で n 回独立に繰り返した場合に，その事象が何度起きるかというような試行を**ベルヌーイ試行**というが，その場合の確率を与えるのが**二項分布**（binomial distribution）である．

二項分布の確率関数は，
$$P(x) = \binom{n}{x} p^x (1-p)^{n-x}$$

1-6 二項分布

で与えられる.ここで,

$$\binom{n}{x} = \frac{n!}{x!(n-x)!}$$

であり,**二項係数**と呼ばれる.なお,二項係数は,$_nC_x$ という記号を用いることもあるが,本書では,こちらの記号を使うことにする.ちなみに,$x!$ は 1 から x までの整数をすべてかけ算したもので,階乗という.ただし,0 の階乗は 1 と定義する.二項分布は,繰り返しの数 n と事象が起きる確率 p のみで決まるので,この 2 つのパラメータを用いて,二項分布を $B(n,p)$ と表すことがある.例えば,x という確率変数がこの二項分布に従うということを,

$$x \sim B(n,p)$$

というように表す.二項分布の平均値および分散はそれぞれ,$np, np(1-p)$ である(**注 1-7**).

練習問題 1-2 サイコロ 2 つで「丁と半」の賭をするプログラムを組み,実際に度数分布をつくる.($n = 1, 9, 25, 100$) 次にこれが二項分布といえるかどうか検討せよ.さらに正規分布近似できるか否かも考えよ.

練習問題 1-3 コインの表と裏で賭をする.表にばかり賭けるひとが「つく」可能性を考えよ.当たれば $+1$,はずれれば -1 とする.ただし,「つく」とは持ち点プラスの場合に「信じられないほど」(確率 5 % 未満)連続して当たることをいうものとする.n(賭ける回数)が 10, 100, 1000, 10000 の場合に実際に「つき」がある確率を求めよ.

注 1-7 二項分布の平均,分散
平均値 μ は,以下のように計算できる.

$$\begin{aligned}
\mu &= \sum_{x=0}^{n} xP(x) = \sum_{x=0}^{n} x \frac{n!}{x!(n-x)!} p^x (1-p)^{n-x} \quad [\text{平均の定義より}] \\
&= \sum_{x=1}^{n} x \frac{n!}{x!(n-x)!} p^x (1-p)^{n-x} \quad [x=0 \text{ の場合は 0 なので}] \\
&= np \sum_{y=0}^{n-1} \frac{(n-1)!}{y!(n-1-y)!} p^y (1-p)^{n-1-y} \quad [y = x-1 \text{ とする}] \\
&= np \quad [\text{シグマ部分は } B(n-1,p) \text{ の確率の総和なので 1 になる}]
\end{aligned}$$

分散 σ^2 は,以下のように計算できる.

$$\sigma^2 = \sum_{x=0}^{n}(x-\mu)^2 P(x) \quad [分散の定義より]$$

$$= \sum_{x=0}^{n}(x^2-2\mu x+\mu^2)P(x) = \sum_{x=0}^{n}x^2 P(x) - 2\mu\sum_{x=0}^{n}xP(x) + \mu^2\sum_{x=0}^{n}P(x)$$

$$= \sum_{x=0}^{n}x^2 P(x) - 2\mu\mu + \mu^2$$

[第 2 項のシグマは平均,第 3 項のシグマは確率の総和なので]

$$= \sum_{x=0}^{n}x^2 P(x) - \mu^2$$

ところで,

$$\sum_{x=0}^{n}x(x-1)P(x) = \sum_{x=0}^{n}x(x-1)\frac{n!}{x!(n-x)!}p^x(1-p)^{n-x}$$

$$= \sum_{x=2}^{n}\frac{n!}{(x-2)!(n-x)!}p^x(1-p)^{n-x} \quad [x=0,1 \text{ の場合は } 0 \text{ なので}]$$

$$= n(n-1)p^2\sum_{y=0}^{n-2}\frac{(n-2)!}{y!(n-2-y)!}p^y(1-p)^{n-2-y} \quad [y=x-2 \text{ とする}]$$

$$= n(n-1)p^2$$

[シグマ部分は $B(n-2, p)$ の確率の総和なので 1 になる]

となるが,これは,

$$\sum_{x=0}^{n}x(x-1)P(x) = \sum_{x=0}^{n}x^2 P(x) - \sum_{x=0}^{n}xP(x) = \sum_{x=0}^{n}x^2 P(x) - \mu$$

とも書けるので,

$$\sum_{x=0}^{n}x^2 P(x) = n(n-1)p^2 + \mu$$

となる.よって,

$$\sigma^2 = n(n-1)p^2 + \mu - \mu^2 = n(n-1)p^2 + np - n^2p^2 = np - np^2 = np(1-p)$$

となる.

1-7 ポアソン分布

ポアソン分布は,一言で言えば,「とんでもないこと」が起きる回数の分布である.二項分布において,確率 p をとても小さくし,試行回数 n をとても大きくすると,ポアソン分布で近似できる.「とんでもないこと」というのは,

1-7 ポアソン分布

起きる確率（生起確率）がとても小さいということを言っている．

二項分布における平均値は np であるが，それを一定の値 λ に固定したまま，p を 0 に近づけると，必然的に n は無限大になっていく．そのような極限では，二項分布の分散 $np(1-p)$ は $1-p$ が 1 に近づくために，$np = \lambda$ となる．このようにポアソン分布は，平均値と分散が等しい．

ポアソン分布（Poisson distribution）の確率関数は，

$$P(x) = \frac{\lambda^x \exp(-\lambda)}{x!}$$

で与えられる（**注 1-8**）．ポアソン分布は平均値の λ というパラメータが決まれば分布形は決定する．そのため，ポアソン分布は $P(\lambda)$ と表現されることがある．

> **練習問題 1-4** n をベルヌーイ試行回数，p を事象 A が起きる確率とする．$np = 1/2$ に固定して，$n = 1, 2, 4, 8, 16, 32$ について二項分布をシミュレーションによってつくり，どの段階からポアソン分布で近似できるかを考えよ．（標本数は100個とする．）

> **練習問題 1-5** 電話が（リーズナブルな時間帯で）単位時間当たりにかかってくる回数はポアソン分布で近似できると言われている．（ツイッターでもラインでも良い．）実際にこのようなポアソン分布で近似できそうな事象について標本をとり，本当にポアソン分布的か否かを検討せよ．

注 1-8 ポアソン分布は二項分布の極限

二項分布において，$np = \lambda$ とする．このまま，n を ∞，つまり p を 0 に近づけた極限を考えることにする．

$$\begin{aligned}
P(x) &= \binom{n}{x} p^x (1-p)^{n-x} \\
&= \frac{n(n-1)\cdots(n-x+1) p^x (1-p)^{n-x}}{x!} \quad \text{[書き下して]} \\
&= \frac{n^x \left(1-\frac{1}{n}\right)\cdots\left(1-\frac{x-1}{n}\right)(np)^x \left(\frac{1}{n}\right)^x (1-p)^{n-x}}{x!}
\end{aligned}$$

[分子の前半は n を最初に出し，分子の真ん中は np とした代わりに $1/n$ をかけている]

$$= \frac{\left(1-\frac{1}{n}\right)\cdots\left(1-\frac{x-1}{n}\right)\lambda^x\left(1-\frac{\lambda}{n}\right)^{n-x}}{x!}$$

[n^x と $(1/n)^x$ をキャンセル，$np=\lambda$ を用いて]

ここで，

$$\lim_{n\to\infty}\left(1-\frac{1}{n}\right)\cdots\left(1-\frac{x-1}{n}\right) = 1$$

および

$$\lim_{n\to\infty}\left(1-\frac{\lambda}{n}\right)^{n-x} = \lim_{n\to\infty}\left(1-\frac{\lambda}{n}\right)^n$$

$\left[\left(1-\frac{\lambda}{n}\right)\text{は 1 に収束するため，有限個の積も 1 となる}\right]$

$$= \lim_{\nu\to\infty}\left(1-\frac{1}{\nu}\right)^{\nu\lambda} = \exp(-\lambda)$$

$\left[\nu=\frac{n}{\lambda}\text{を代入し，}\lim_{\nu\to\infty}\left(1-\frac{1}{\nu}\right)^\nu = \exp(-1)\text{ という公式を用いる}\right]$

を用いると，

$$\lim_{n\to\infty}P(x) = \frac{\lambda^x\exp(-\lambda)}{x!}$$

となる．これは，ポアソン分布の確率関数となっている．

1-8　正規分布

正規分布（normal distribution）はガウスの誤差分布とも呼ばれる，きれいな釣鐘状の連続分布である．計測誤差などはこの正規分布で近似できることが多いことが知られている．正規分布は平均値 μ と分散 σ^2 を指定すると分布が特定できることから，正規分布を $N(\mu,\sigma^2)$ と表現することが多い．正規分布の確率密度関数は以下で与えられる．

$$f(x) = \frac{1}{\sqrt{2\pi}\sigma}\exp\left[-\frac{(x-\mu)^2}{2\sigma^2}\right]$$

正規分布の中でも，平均値 0，分散 1 の正規分布 $N(0,1)$ は**標準正規分布**と呼

ばれる．標準正規分布の確率密度関数を $\varphi(x)$, （累積）分布関数を $\Phi(x)$ という関数で表すこともある．すなわち，

$$\varphi(x) = \frac{1}{\sqrt{2\pi}} \exp\left(-\frac{x^2}{2}\right)$$

$$\Phi(x) = \int_{-\infty}^{x} \varphi(y) dy$$

である（図1-1参照）（注1-9）．

n が大きい場合の二項分布やポアソン分布は正規分布で近似できることが知られている．その場合は，正規分布の平均値にその分布の平均値，分散にその分布の分散の値を代入すれば良い．ただし，二項分布やポアソン分布は整数値しかとらないために，補正をする必要がある．例えば，k 以下の値になる確率の場合は，正規分布ではその値をとる代わりに，境界となる隣の値（つまり，$k+1$）との中間の値をとって，$k+0.5$ 以下というように境界となる値を調節する．

練習問題 1-6 一様乱数から（疑似）正規分布をつくり，本当に正規乱数として使えるかを検討せよ．（疑似）正規分布はいくつかの一様乱数の平均値を使ってつくる．（次節の中心極限定理を参照．）

注1-9 標準正規分布の分布関数の近似式
標準正規分布の分布関数の値は数表を見たり，ソフトの組み込み関数で計算すれば良いが，それらがない場合のために，近似式がいろいろと提案されている．ここでは，その一つを紹介する．以下は，Zelen-Severo の近似式（Zelen and Severo, 1964）である．

$$\Phi(x) \approx 1 - \frac{(1+Ax+Bx^2+Cx^3+Dx^4)^{-4}}{2}$$

ただし，$A=0.196854, B=0.115194, C=0.000344, D=0.019527$ である．この誤差は x が正の場合には0.00025未満であり，実用上ほとんど問題ない．

1-9 中心極限定理

統計的な議論をするときに，よく出てくるのが正規分布である．いろいろなものの分布が正規分布に従うと仮定して議論することが多い．なぜ，正規分布はそれほどよく使われるのだろうか？ 実は，いろいろな分布の平均値は，近似的に正規分布に従うことが知られているためである．この性質を確認しているのが，**中心極限定理**（central limit theorem）である．簡単に言えば，たいがいの分布では，そこからランダムに抽出された標本の平均値は正規分布に従うという内容である．道理で，"normal" distribution と言われるわけである．この定理をより正確に述べると以下のようになる．

中心極限定理：x_i ($i = 1, ..., n$) が互いに独立に，平均 μ，分散 σ^2 の同じ分布に従うとする．この時，その平均値を $m(n) = \dfrac{\sum\limits_{i=1}^{n} x_i}{n}$ とすると

$$Y = \frac{m(n) - \mu}{\dfrac{\sigma}{\sqrt{n}}}$$

は，n を大きくすれば，平均 0，分散 1 の正規分布に近づく．（Y は漸近的に正規分布 $N(0, 1)$ に従う．）

換言すれば，$m(n)$ は平均値 μ，分散 σ^2/n の正規分布に従うことになる．上記の定理で重要なことは，「平均 μ，分散 σ^2」というところで，つまり，x_i の分布はどんな分布でも良いが，平均値と分散がちゃんと定まる分布でないとダメということである．我々がよく扱う分布はだいたいこれが満たされるが，後で紹介するコーシー分布は平均値や分散がない！ そのため，コーシー分布に従うサンプルについては，中心極限定理は当てはまらない．

中心極限定理によって，誤差の分布によく正規分布が使われる理由も感覚的には理解できるだろう．通常，物を作る工程は様々な操作が重なったものである．それぞれの操作で誤差が発生しうる．そのため，誤差の積み重ねはまるで誤差の平均値のようなものとなる．そのため，正規分布「的」になると予想される．

練習問題 1-7 中心極限定理をシミュレートせよ．ある分布（なるべく正規分布からほど遠い分布）に従う x_i を考え，$m = \sum_i x_i$（n 個の平均）を100ずつ $n = 1, 10, 100, 1000, 10000$ について求め，度数分布を描け．n がいくつぐらいから正規分布に近づくだろうか．

練習問題 1-8 平均値の存在しない分布（例えばコーシー分布）について練習問題 1-7 のようにしてシミュレートし，中心極限定理の成立可能性を検討せよ．

1-10 分布の再生性

「2つの変数 X, Y が同じ種類の分布に従うとき，$X + Y$ も同じ種類の分布に従う」という性質を**分布の再生性**という．これはどんな分布でも成り立つものではない．例えば，X, Y が $0 \sim 1$ の一様分布 $U(0, 1)$ に従う場合，$X + Y$ は $0 \sim 1$ で直線的に上がり，$1 \sim 2$ で直線的に下がる山型の確率密度分布となり，これは明らかに一様分布ではない．

実は，限られた分布でのみ，これが成り立つ．二項分布，ポアソン分布，正規分布，コーシー分布などはその有名な例である．二項分布の場合は，確率を表すパラメータ p が同じならば再生性を示す．ポアソン分布，正規分布の場合は，どのようなパラメータの組み合わせでも成立する．コーシー分布の場合は同じパラメータの場合に成立する（注1-10，注1-11，注1-12，注1-13）．

練習問題 1-9 所得の分布を考える．いま仮に時刻 $t = 0$ において25人のひとの給料は皆100万円/月だとする．毎月好不況があり，毎月給料はそれぞれ前月の $(1 + z)$ 倍［ただし z は -0.1 から 0.1 の間の一様乱数］となる．t カ月後の25人の給料分布を $t = 5, 20, 50, 100$ について求めよ．平均値は増加するだろうか，減少するだろうか．

練習問題 1-10 自分の親は2人いる．その親は4人となる．その親は8人となる．このようにしていくと n 世代前には 2^n の祖先がいることになるが，昔の人口は少ない．それは，あるところで父方の祖先と母方の祖先とに同一人物とがいるためである．この可能性を考えて，ある人の n 世代前の平均的な祖

先の数を求める方法を考えよ．

練習問題 1-11 $x = 1, ..., n$ に対して，y の値として一様乱数を割り付ける．これをもとに相関係数を求めると本来はほぼ 0 になることが予想されるが，場合によっては絶対値の大きい値ともなり得る．シミュレーションによって，n と相関係数の値の分布との関係を調べよ（**注 1-14**）．

注 1-10 分布の再生性

より正確には，以下のようになる．
二項分布： $X \sim B(n_1, p), Y \sim B(n_2, p)$ ならば $X + Y \sim B(n_1 + n_2, p)$
ポアソン分布： $X \sim P(\lambda_1), Y \sim P(\lambda_2)$ ならば $X + Y \sim P(\lambda_1 + \lambda_2)$
正規分布： $X \sim N(\mu_1, \sigma_1^2), Y \sim N(\mu_2, \sigma_2^2)$ ならば $X + Y \sim N(\mu_1 + \mu_2, \sigma_1^2 + \sigma_2^2)$
コーシー分布： $X \sim C(\xi_1, \gamma), Y \sim C(\xi_2, \gamma)$ ならば $X + Y \sim C(\xi_1 + \xi_2, \gamma)$

注 1-11 Linnik の定理

分布の再生性の逆の定理もある．$X_i (i = 1, ..., n)$ が独立変数であるとする．$\sum_{i=1}^{n} X_i$ が正規分布に従っているならば，X_i は正規分布に従う．また，$\sum_{i=1}^{n} X_i$ がポアソン分布に従っていれば，X_i はポアソン分布に従う．

注 1-12 積率母関数（moment generating function）

分布の特性値を生成する関数として，積率母関数がある（竹内, 1963）．積率母関数を k 回微分して 0 を代入すると，k 次モーメントが算出される．確率密度関数 $f(x)$ で表される分布の積率母関数を $M(t)$，k 次モーメントを m_k とすると，

$$M(t) = \int_{-\infty}^{\infty} e^{tx} f(x) dx = \int_{-\infty}^{\infty} (1 + tx + \frac{t^2 x^2}{2!} + \cdots) f(x) dx = 1 + t m_1 + \frac{t^2 m_2}{2!} + \cdots$$

で定義される．すると，$M(t)$ を k 回微分した関数を $M^{(k)}(t)$ で表すと，

$$M^{(k)}(0) = m_k$$

となる．なお，k 次モーメントとは確率変数の k 乗の期待値

$$m_k = E(X^k)$$

である．$m_1 = \mu$, $m_2 = \mu^2 + \sigma^2$ となるため，分散はモーメントを使うと以下の

ように計算できる．
$$\sigma^2 = m_2 - m_1^2$$
　積率母関数には以下の性質がある．確率変数 X の積率母関数を M_X，確率変数 Y の積率母関数を M_Y とすると，$Z = X+Y$ で定義される新たな確率変数 Z の積率母関数 M_Z は，
$$M_Z(t) = M_X(t)M_Y(t)$$
と積率母関数の積で与えられる．

　主な分布の積率母関数は以下の通りとなる．
二項分布 $B(n, p)$：　　$M(t) = (pe^t + 1 - p)^n$
ポアソン分布 $P(\lambda)$：　　$M(t) = e^{\lambda(e^t - 1)}$
正規分布 $N(\mu, \sigma^2)$：　　$M(t) = e^{\left(\mu t + \frac{\sigma^2 t^2}{2}\right)}$

注 1-13　その他の分布

　他にも有名な分布があるが，ここでは，簡単な紹介だけにとどめる．まず分布の紹介の前に，2 つの関数を定義しておく．

ガンマ関数 $\Gamma(z)$
$$\Gamma(z) = \int_0^\infty t^{z-1} e^{-t} dt$$
ただし，$z > 0$ である．ガンマ関数は自然数値に対して階乗の値となる関数である．
$$\Gamma(n+1) = n!$$
ベータ関数 $B(p, q)$
$$B(p, q) = \int_0^1 t^{p-1}(1-t)^{q-1} dt = \frac{\Gamma(p)\Gamma(q)}{\Gamma(p+q)}$$
ただし，$p, q > 0$ である．

(1) コーシー分布（Cauchy distribution）

　コーシー分布 $C(\xi, \gamma)$ の確率密度関数は以下で与えられる．
$$f(x) = \frac{1}{\pi \gamma \left[1 + \left(\frac{x - \xi}{\gamma}\right)^2\right]}$$
コーシー分布の平均値，分散は存在しない．2 つの独立な変数がそれぞれ標準正規分布 $N(0, 1)$ に従っているとすると，その比は標準コーシー分布 $C(0, 1)$ に

従う．

(2) 対数正規分布（lognormal distribution）

対数正規分布の確率密度関数は以下で与えられる．

$$f(x) = \frac{1}{\sqrt{2\pi}\sigma x} e^{-\frac{(\ln x - \mu)^2}{2\sigma^2}}$$

平均値は $e^{(\mu + \frac{\sigma^2}{2})}$，分散は $e^{(2\mu + \sigma^2)}(e^{\sigma^2} - 1)$ である．$y = \ln x$ とすると，y は正規分布に従う．

(3) 超幾何分布（hypergeometric distribution）

超幾何分布の確率関数は以下で与えられる．

$$P(x) = \frac{\binom{M}{x}\binom{N-M}{n-x}}{\binom{N}{n}}$$

これは，例えば，母集団 N 個の玉に白玉が M 個含まれている．ランダムに n 個取り出したときに，そこに x 個の白玉が含まれている確率を与える．$M/N = p$ として，N を無限大にすると，この分布は二項分布となる．平均値は nM/N，分散は $\frac{(N-n)n(N-M)M}{(N-1)N^2}$ である．

(4) 負の二項分布（negative binomial distribution）

負の二項分布の確率関数は以下で与えられる．

$$P(x) = \binom{k+x-1}{x} p^k (1-p)^x$$

これは，確率 p でおきる事象について，その事象が k 回起きるまでに x 回それ以外の事象が起きる確率を与える．例えば，サイコロで6の目を2回出すまでに，6以外の目が3回出る確率は

$$P(3) = \binom{2+3-1}{3}\left(\frac{1}{6}\right)^2\left(\frac{5}{6}\right)^3 = 0.06430\cdots$$

となる．平均値は $k(1-p)/p$，分散は $k(1-p)/p^2$ である．

1-10 分布の再生性

(5) 幾何分布（geometric distribution）

幾何分布の確率関数は以下で与えられる．
$$P(x) = p(1-p)^{x-1}$$
これは，確率 p の事象が起きる試行を繰り返すとき，x 番目にはじめて起きる確率を与える．平均値は $1/p$，分散は $(1-p)/p^2$ である．

(6) カイ二乗分布（Chi square distribution）

カイ二乗（χ^2）分布の確率密度関数は以下で与えられる．
$$f(x) = \frac{\left(\frac{1}{2}\right)^{\frac{n}{2}}}{\Gamma\left(\frac{n}{2}\right)} x^{\frac{n}{2}-1} e^{-\frac{x}{2}}$$
x が負の場合は $f(x) = 0$ とする．カイ二乗検定で使う分布である．平均値は n，分散は $2n$ である．

(7) 指数分布（exponential distribution）

指数分布の確率密度関数は以下で与えられる．
$$f(x) = \lambda e^{-\lambda x}$$
x が負の場合は $f(x) = 0$ とする．平均値は $\frac{1}{\lambda}$，分散は $\frac{1}{\lambda^2}$ である．時間に応じて起きる可能性が一定である事象について，どのくらいの時間事象が起きないかというような現象を記述するときに使われる．

(8) t 分布（t distribution）

t 分布の確率密度関数は以下で与えられる．
$$f(x) = \frac{\Gamma\left(\frac{n+1}{2}\right)}{\sqrt{n\pi}\,\Gamma\left(\frac{n}{2}\right)} \left(1+\frac{x^2}{n}\right)^{-\frac{n+1}{2}}$$
平均値は 0，分散は $n > 2$ の場合に $n/(n-2)$ となる．なお，n が 1 より大きく 2 以下の場合の分散は無限大となる．t 検定で使う分布である．その際には，n は自由度である．

(9) F 分布（F distribution）

F 分布の確率密度関数は以下で与えられる.

$$f(x) = \frac{1}{B\left(\frac{m}{2}, \frac{n}{2}\right)} \left(\frac{mx}{mx+n}\right)^{\frac{m}{2}} \left(\frac{n}{mx+n}\right)^{\frac{n}{2}} \frac{1}{x}$$

平均値は $n>2$ のとき $\frac{n}{n-2}$, 分散は $n>4$ のとき $\frac{2n^2(m+n-2)}{m(n-2)^2(n-4)}$ である.
F 検定で使う分布であり, その際 m は第 1 自由度, n は第 2 自由度となる.

(10) ベータ分布（beta distribution）

ベータ分布の確率密度分布は以下で与えられる.

$$f(x) = \frac{1}{B(a,b)} x^{a-1}(1-x)^{b-1}$$

ただし, $0 \leq x \leq 1$, $a, b > 0$ である. 平均値は $\frac{a}{a+b}$, 分散は $\frac{ab}{(a+b)^2(a+b+1)}$ である.

(11) ガンマ分布（gamma distribution）

ガンマ分布の確率密度関数は以下で与えられる.

$$f(x) = x^{a-1} \frac{e^{-\frac{x}{b}}}{\Gamma(a) b^a}$$

ただし, $x>0$, $a,b>0$ である. 平均値は ab, 分散は ab^2 である. $a=n/2$, $b=2$ とするとカイ二乗分布になる.

(12) 極値分布（extreme value distribution）

極値分布とは, 標本の最大値が漸近的に従う分布である. 極値分布には 3 種類ある. なお, すべて, $\theta>0$ とする.

①タイプⅠ, ガンベル型（Type 1, Gumbel type）

正規分布や指数分布に従う変数の標本から得られる極値分布であり, 累積分布関数は以下で与えられる.

$$F(x) = \exp\left[-\exp\left(-\frac{x-\mu}{\theta}\right)\right]$$

この二重指数分布の形は, 洪水や地震などの災害が生起する事象などによく用

いられる．また，ロジットモデルでも使われる分布である．
② タイプⅡ，フレシェ型（Type 2, Fréchet type）
　コーシー分布から得られる極値分布で，累積分布関数は以下で与えられる．

$$F(x) = \begin{cases} 0 & x \leq \mu \\ \exp\left\{-\left(\dfrac{x-\mu}{\theta}\right)^{-\alpha}\right\} & x > \mu \end{cases}$$

ただし，$\alpha > 0$ である．
③ タイプⅢ，ワイブル型（Type 3, Weibull type）
　上限値があるような分布で得られる極値分布で，累積分布関数は以下で与えられる．

$$F(x) = \begin{cases} \exp\left\{-\left(-\dfrac{x-\mu}{\theta}\right)^{\alpha}\right\} & x < \mu \\ 1 & x \geq \mu \end{cases}$$

ただし，$\alpha > 0$ である．

(13) ワイブル分布（Weibull distribution）
　ワイブル分布の確率密度関数は以下で与えられる．

$$f(x) = \dfrac{k}{\lambda}\left(\dfrac{x}{\lambda}\right)^{k-1} e^{-\left(\frac{x}{\lambda}\right)^{k}}$$

ただし，$x \geq 0$ である．$x < 0$ の場合は確率密度は0であるとする．タイプⅢ極値分布で x のかわりに $-x$ としたものに相当する．平均値は $\lambda \Gamma\left(1+\dfrac{1}{k}\right)$，分散は $\lambda^2\left[\Gamma\left(1+\dfrac{2}{k}\right) - \left(\Gamma\left(1+\dfrac{1}{k}\right)\right)^2\right]$ である．

(14) ピアソン系分布（Pearson distribution）
　Karl Pearson は

$$\left(\dfrac{1}{f}\right)\dfrac{df}{dx} = -\dfrac{a+x}{c_0 + c_1 x + c_2 x^2}$$

という微分方程式を満たす確率密度関数形を分類した（Johnson and Kotz, 1970）．例えば，$c_1 = c_2 = 0$ の場合には正規分布となる．
① Type 1　$c_0 + c_1 x + c_2 x^2 = 0$ の解 a, b が実数で異なる符号となるとき，

$$f(x) = K(x-a)^m (b-x)^n$$

という形をとり，ベータ分布となる．

② Type 2　上記で $m=n$ のときである.
③ Type 3　$c_1 \neq 0, c_2 = 0$ のときで，ガンマ分布となる.
④ Type 4　$c_0 + c_1 x + c_2 x^2 = 0$ の解 a, b が虚数となるときであるが，あまり使われない.
⑤ Type 5　$c_0 + c_1 x + c_2 x^2 = 0$ の解 a, b が等しくなる（重根）ときである.
⑥ Type 6　$c_0 + c_1 x + c_2 x^2 = 0$ の解 a, b が実数で同じ符号となるときである.
⑦ Type 7　$c_0 > 0, c_1 = 0, c_2 > 0$ のときで，例えば t 分布はこの一種である.

注 1-14　相関係数

　2つの確率変数があった場合の関係を表す，よく使われる統計値に相関係数がある．例えば，身体測定をした場合に，各個人について，身長と体重を測る．すると，一般的には身長が高い人の方が体重も重い傾向にある．このような2つの変数を調べるものである．n 個の二種類の測定値 $(x_i, y_i)(i=1,...,n)$ が与えられたとすると，二種類の測定値の**相関係数** R は以下で定義される.

$$R = \frac{\sum_{i=1}^{n}(x_i - \bar{x})(y_i - \bar{y})}{\sqrt{\sum_{i=1}^{n}(x_i - \bar{x})^2}\sqrt{\sum_{i=1}^{n}(y_i - \bar{y})^2}}$$

この値は，-1 から 1 の間の値となる．また，R が正の場合は正の相関，負の場合は負の相関と言われる．(x_i, y_i) を $x-y$ グラフにプロットした時に，正の傾きの直線上にすべてが並んでいる場合は相関係数は 1，逆に負の傾きの直線上にすべてが並んでいる場合は相関係数は -1 となる.

1-11　分布のあてはめ

　実際に得られる標本は有限個であるため，有限個のデータからもとの分布の形を推定する必要が出てくることは多い．そのための方法を紹介する.

(1) ヒストグラムをつくる

　もっとも基本となる方法である．ただし，階級のきめかたで分布の形はかなり変わる．そのため，いくつかの方法でグラフを作成してみた方が良い．あくまで，分布形の概況を知ることができるだけで，正確な分布形がわかるわけで

はない.

(2) n 個のデータの k 番目の値を分布の中に割り付けることで分布をつくる方法

 得られた標本データが $x_1 < \cdots < x_n$ のとき，x_k を分布の何%点であるかを考えればよい．そのための方法はいくつか知られている．以下に主なものをあげる（Benson, 1962; Chow, 1964）.

① California formula：$F(x) = k/n$

 簡単な方法ではあるが，最大標本が分布の最大値とするのは問題があるのであまり勧められない.

② Hazen formula：$F(x) = (2k-1)/(2n)$

 ちょうど①の考え方とその逆（$(k-1)/n$ とする）の平均をとる方法である．一般的な方法の一つ.

③ Weibull formula：$F(x) = k/(n+1)$

 一様分布で良い推定方法となる．一般的な方法.

④ Chegodoyev formula：$F(x) = (k-0.3)/(n+0.4)$

⑤ Blom formula：$F(x) = (k-3/8)/(n+1/4)$

⑥ Tukey formula：$F(x) = (3k-1)/(3n+1)$

⑦ Gvingorten formula：$F(x) = (k-0.44)/(n+0.12)$

(3) kernel 法

 得られた標本値が代表する地点にある程度「幅」をもたせて，各標本値に対してその点を中心とする左右対象な連続分布（kernel）を置いて，それの総和として全体の分布を推定する．kernel に用いる関数は，三角分布，正規分布，負の二乗分布など様々な方法がありうる．kernel の関数として適切な分散を得られる推定分布のばらつきとかたよりのかねあいから理論的に導出が可能である（Silverman, 1986）.

参考文献

Benson, M.A. (1962) "Plotting Positions and Economics of Engineering Planning" *Journal of Hydranlic Div., Proc. A.S.C.E.*, **88**, 57-71.

Chow, V.T. (ed.) (1964) *Handbook of Applied Hydrology*, McGraw-Hill.

Jarque, C.M. and A.K. Bera (1987) "A test for normality of observations and regression residuals" *International Statistical Review*, **55** (2), 163-172.

Johnson, N.L. and S. Kotz (1970) *Continuous univariate distributions -1*, John Wiley & Sons.

Silverman, B.M. (1986) *Density Estimation: For Statistics and Data Analysis*, Chapman and Hall.

竹内啓 (1963) 『数理統計学』 東洋経済新報社

Zelen, M. and N.C. Severo (1964) "Probability Functions" M. Abramowitz and I.A. Stegun (ed.) Handbook of Mathematical Functions, Spplied Mathematics Series, 55, U.S. Department of Commerce, pp.925-995.

2 統計的検定

2-1 統計的検定

統計的検定(statistical test)とは，ある分布や分布相互の関係についての傾向がどのくらい確かなものなのかを統計学を用いて調べるものである．統計的検定の方法には大きく分けて，2つの方法がある．

一つは，パラメトリック検定（母数による検定）で，もともとの分布形が特定の分布であることを想定して行う検定である．パラメータというのは分布形状を定めるパラメータのことで，例えば，正規分布であれば，平均値と分散がパラメータである．パラメトリック検定とは，分布の種類は既知で，パラメータだけがわからないような状況で，えられた標本から分布の性質について検定を行うものである．

もう一つは，ノンパラメトリック検定（母数によらない検定）で，もともとの分布形についてわからない状況での統計的検定方法である．ノンパラメトリック検定の方がどのような分布にも使えるという意味では汎用性がある．ただし，パラメトリック検定の場合，分布の種類がわかっていれば，少ない標本であっても効率的に検定を行うことができるメリットがある．

実際には，パラメトリック検定の方が有名であり，よく使われている．

2-2 母集団と標本

これまでもとの集団とそこからとられたサンプルというような表現を用いて

きたが，より専門的には，母集団と標本という用語を用いる．**母集団**（population）とは調査の対象となるもともとの集団全体である．例えば，日本における世論調査をする場合は，日本人全体が母集団となる．これに対して，母集団から調査のために取り出した集団を**標本**（sample）という．例えば，世論調査の場合に，日本人全員に意見をきくことは現実には難しいので，何人かを選んでその人たちだけに尋ねる．これが標本である．標本を調べて，そこで得られた結果から，母集団の状況を知ろうとするのである．世論調査の場合に，標本で得られた意見分布が母集団でも全く同じになるとは限らない．ただし，標本で大きな比率の差があれば，母集団でも差があるに違いないと考える．それがどのくらいの確度で言えるのかを考えるのが検定である．

標本で選んだ個体の数を，標本の**大きさ**（size）という．標本は大きい方がその分布が母集団の分布に近いと期待できる．

標本の選び方として，本章では母集団におけるどの個体も同じ確率で選ばれる可能性があり，標本同士のどの組み合わせも同程度に起きる**ランダムサンプリング**を行うことを想定している．実際には，サンプリング（標本をとること）の方法はさまざまであり，それについては社会調査法で詳述する．

2-3 期待値と分散

期待値とは，試行やサンプリングを何度も繰り返したときの，その統計量の平均値である．**分散**は，同様に，その分散である．統計学がわかりにくくなる一つの要因は，この概念のとらえ方にある．例えば，サイコロの目の期待値は，3.5であるが，これは，サイコロを振るという試行を何度も繰り返した場合に，どの目の出る確率も 1/6 なので，

$$1\times(1/6)+2\times(1/6)+3\times(1/6)+4\times(1/6)+5\times(1/6)+6\times(1/6) = 3.5$$

として計算される．サイコロの目の数字を X とすると，このことを

$$E[X] = 3.5$$

と書く．E は期待値をとることを示す記号（より数学的な言葉では期待値をとる作用素（オペレータ））である．2つのサイコロがあり，その目の数を，それぞれ，X, Y とすると，2つの目の数の和は $X+Y$ となる．これの期待値

2-3 期待値と分散

はどうなるだろうか．実験するには X と決めたサイコロと Y と決めたサイコロを何度も振って，$X+Y$ という値がどのような値になるかを調べれば良い．ただ，容易に想像できるように，この期待値は X の期待値と Y の期待値（どちらも3.5）の和となる．すなわち，

$$E[X+Y] = E[X]+E[Y]$$

が成り立つ．実は，これはサイコロに限らず，どのような確率変数についても成り立つことが知られている．X と Y の相関が高くてもやはり成り立つのである．

期待値の計算で，初学者がわかりにくいのは，どのようなサンプリング過程を考えているのかが明確でないという点である．例えば，標本平均の期待値というような言葉が出てくるが，この概念には二種類の平均値の概念が入っている．一つは標本を取り出した時のその平均，もう一つは，標本を取り出すという試行を何度も繰り返した時の標本平均という統計値の平均である．この標本を取り出すという試行を何度も繰り返すという暗黙の前提を理解できないと，どうしても期待値という概念になじめなくなってしまう．この点はよく留意しておく必要がある．

もう一つよく使われる記号に V がある．これは分散を求める記号である．分散の定義は，連続分布の場合，確率密度関数を f とすると，

$$V(X) = \int_{-\infty}^{\infty}(x-\mu)^2 f(x)dx$$

である．これは，$(x-\mu)^2$ の平均値を求める操作であると解釈することもできるので，

$$V[X] = E[(X-E[X])^2]$$

と書ける．また，分散の式を展開すると以下のようになる．

$$V(X) = \int_{-\infty}^{\infty}(x-\mu)^2 f(x)dx = \int_{-\infty}^{\infty}(x^2-2\mu x+\mu^2)f(x)dx$$

$$= \int_{-\infty}^{\infty}x^2 f(x)dx - 2\mu\int_{-\infty}^{\infty}xf(x)dx + \mu^2\int_{-\infty}^{\infty}f(x)dx$$

$$= \int_{-\infty}^{\infty}x^2 f(x)dx - 2\mu\mu + \mu^2$$

［第二項の積分の部分は平均値，第三項の積分布部分は分布全体の積分な

ので1となる］
$$= \int_{-\infty}^{\infty} x^2 f(x)dx - \mu^2$$
となる．この最後の式の第一項は X^2 の平均値であり，平均値は X の期待値なので，以下の式が成り立つ．
$$V[X] = E[X^2] - (E[X])^2$$
つまり，分散の計算は期待値の演算で計算できるのである．

以上は，連続分布の場合について解説したが，離散分布でも確率関数を用いて，同じ結果を得ることができる．

例えば，X が二項分布 $B(n, p)$（繰り返しの数 n，生起確率 p の二項分布）に従う確率変数の場合，
$$E[X] = np$$
$$V[X] = np(1-p)$$
であるが，注1-7の計算過程から，
$$E[X^2] = \sum_{x=0}^{n} x^2 P(x) = n(n-1)p^2 + np$$
であることがわかる．これを用いて分散を計算すると以下のようになる．
$$V[X] = E[X^2] - (E[X])^2 = n(n-1)p^2 + np - (np)^2 = -np^2 + np = np(1-p)$$
ちゃんと，上記の結果が得られている．

なお，初学者には X と x の使い分けも気持ち悪いかもしれない．X は確率変数を表す記号であり，x はさまざまな実現値を表す記号として使っている．そのため，期待値の記号の中には X を使い，実際の計算では x を使っている．

なお，期待値のオペレータ E は以下の性質を満たす．

① a, b を実数とすると，$E[a + bX] = a + bE[X]$

② a, b を実数，X, Y を確率変数とすると，$E[aX + bY] = aE[X] + bE[Y]$

これらと，分散を期待値を使って計算する式を用いると，以下が成り立つこともわかる．

③ a, b を実数とすると，$V[a + bX] = b^2 V[X]$

ただ，2つの確率変数の和についてだけは，簡単にはいかない．
$$V[X+Y] = E[(X+Y-E[X]-E[Y])^2] = E[\{(X-E[X])+(Y-E[Y])\}^2]$$

$$= E[(X-E[X])^2 + (Y-E[Y])^2 + 2(X-E[X])(Y-E[Y])]$$
$$= E[(X-E[X])^2] + E[(Y-E[Y])^2] + 2E[(X-E[X])(Y-E[Y])]$$
$$= V[X] + V[Y] + 2E[(X-E[X])(Y-E[Y])]$$

となるが,最後の項だけは,もっと簡単にはならない.$E[(X-E[X])(Y-E[Y])]$は X と Y の**共分散**(covariance)と呼ばれ,$Cov[X,Y]$ としばしば書かれる.

$$Cov(X,Y) = E[(X-E[X])(Y-E[Y])]$$

X と Y が独立なときは,共分散は 0 となり,その場合は,$X+Y$ の分散は X の分散と Y の分散の和となる.

X と Y の**相関係数** $R[X,Y]$ は,以下のように定義される.

$$R[X,Y] = \frac{Cov[X,Y]}{\sqrt{V[X]V[Y]}} = \frac{E[(X-E[X])(Y-E[Y])]}{\sqrt{E[(X-E[X])^2]E[(Y-E[Y])^2]}}$$

相関係数は,X が増えたときに,Y も増える傾向にあるかどうかを示す.特にそのような傾向がなければ,相関係数は 0 となる.X と Y が独立な場合がそれにあたる.相関係数は最大で 1 となる.その場合は,X と Y は正の傾きの直線上にならぶ.逆に,負の傾きの直線上に並ぶ場合は,最小の値 -1 となる(**注 2-1**).

ここでいくつかの重要な公式を導出しておく.まず,母集団の平均値と分散は,μ と σ^2 であるとする.この母集団から,標本を n 個独立にとり,その平均値を $\bar{x}$ とする.得られた標本を,$x_i (i=1,\ldots,n)$ とすると,

$$\bar{x} = \frac{1}{n}\sum_{i=1}^{n} x_i$$

である.これは,一回の試行による実現値の話である.さて,このような大きさ n の標本をとるという試行を何度も何度も繰り返すと,その標本平均はどのような分布を示すだろうか? その標本平均の分布の平均値と分散を求めることにする.まず,標本を n 個とるが,その i 番目の標本の値を示す確率変数を X_i とする.これは,標本を取り出すという試行を何度もする時に,母集団の分布に従って出てくる値を表す確率変数である.したがって,X_i は母集団と全く同じ分布に従い,その平均値は μ,分散は σ^2 である.さらに標本平均を表す確率変数を $\overline{X}$ と表し,これは,$X_1 \sim X_n$ の確率変数で

$$\overline{X} = \frac{1}{n}\sum_{i=1}^{n} X_i$$

と定義される.この期待値と分散を計算してみよう.また,標本をとる過程の仮定として,X_i 同士は相互に独立であるとする.(独立とはならない標本の取り方としては,平均値よりも高い値が出たら,次は平均値よりも低い値から選ぶというようなものがある.この場合は,前後の値は負の相関を持つことになる.)

まずは,標本平均の期待値を求める.

$$E[\overline{X}] = E\left[\frac{1}{n}\sum_{i=1}^{n} X_i\right] = \frac{1}{n}E\left[\sum_{i=1}^{n} X_i\right] = \frac{1}{n}\sum_{i=1}^{n} E[X_i] = \frac{1}{n}\sum_{i=1}^{n} \mu = \frac{1}{n}n\mu = \mu$$

めでたく,母集団の平均値と一致する.次に,分散を求める.

$$V[\overline{X}] = V\left[\frac{1}{n}\sum_{i=1}^{n} X_i\right] = \left(\frac{1}{n}\right)^2 V\left[\sum_{i=1}^{n} X_i\right] \qquad [\text{上記③の関係式より}]$$

$$= \frac{1}{n^2}V\left[\sum_{i=1}^{n} X_i\right] = \frac{1}{n^2}\sum_{i=1}^{n} V[X_i]$$

[X_i が相互に独立なので共分散項がすべて 0 になるため]

$$= \frac{1}{n^2}\sum_{i=1}^{n} \sigma^2 = \frac{1}{n^2}n\sigma^2 = \frac{\sigma^2}{n}$$

大きさ n の標本をとると,標本平均の分散は母集団の分散の $1/n$ 倍になるのである.標準偏差は分散の平方根であるから,標本平均の標準偏差は,母集団の標準偏差の $1/\sqrt{n}$ 倍になる.

練習問題 2-1 X, Y を独立な確率変数とするとき,以下の分散を期待値のオペレータ E のみを使って表せ.

(1) $V[X-Y]$　　　(2) $V\left[\dfrac{X+Y}{2}\right]$

注 2-1 相関係数の有意性の見分け方

相関係数の絶対値が大きい方が相関は大きいと言われる.目安としては,例えば,0.7 以上ならば強い相関,0.2〜0.4 程度ならば弱い相関と記されることがあるが,絶対的な基準があるわけではない.相関係数の有意性は,帰無仮説を相関が無いとして,有意であるかどうかを検定する方法がある.ただ,ここ

では，簡便法が提案されているので，それを紹介する．

上田（1997）の簡便法：nをデータ数として，
$$R^2 > \frac{4}{n+2}$$
ならば相関があると判断する．

研究論文などでは，正式の方法を用いた方が良いが，簡単なので目安としては，有用な方法である．

2-4　検定の考え方

　統計的な検定の方法は少し独特の論法をとる．AとBの集団の特性値（例えば，平均値）が違うのかどうかを検定したい場合には，まずは，AとBの集団からそれぞれ標本をとる．そして，AとBの特性値が同じだと仮定してみる．これを**帰無仮説**（null hypothesis）といい，よくH_0という記号で表す．その仮説のもとで，標本で得られた以上の違いが出る確率を計算する．その確率が常識的には起こりにくいと思われるぎりぎりの確率（**有意水準**と呼ばれ，0.05がよく使われる）と比較して，それよりも小さい場合は，起こりえないことが起きたと判定し，帰無仮説は正しくないとして，帰無仮説を棄却し，その反対の仮説（**対立仮説**といい，H_1という記号で表す．）を採択する．逆に，有意水準よりは高い確率になった場合は，帰無仮説の下でも十分に起こりうることが起きたと判定し，帰無仮説を採択する．

　例えば，クラスAの数学の点数の平均点とクラスBの数学の平均点が違うかどうかを検定したい場合は，まずは，両クラスからランダムに数人ずつ生徒を選んで，数学の点数を求める．その上で，帰無仮説として，両クラスの平均点は同じであるという仮定を置く．そのもとで，実際の標本平均の点数差以上の差が生じる確率を計算し，それが0.05以下ならば，平均点は違うと判定するのである．

　帰無仮説が正しいのに対立仮説を採択してしまう過誤を**第一種の過誤**

(Type I error) といい，その確率は有意水準の確率と同じとなる．一方，逆に対立仮説の方が正しいのに帰無仮説を採択してしまう過誤を**第二種の過誤**（Type II error）という．できれば，どちらの過誤のおこる確率も小さくしたい．第一種の過誤については有意水準を設定することでコントロールできるのに対して，第二種の過誤は検定の方法に依存して通常あまりコントロールできない．そこでその確率を最小化するように検定方法を選ぶことになる．第二種の過誤を犯す確率を1から引いた値を**検出力（検定力）**という．これは通常有意水準と裏腹の関係にあり，第一種の過誤を小さくすると第二種の過誤は大きくなってしまう．共に小さくするには，標本数を増やすなどの方策をとらねばならない．

パラメトリック検定として有名なものに，t 検定，F 検定，χ^2 検定がある．t 検定とは，平均値の違いを検定する方法，F 検定は分散の違いを検定する方法，χ^2 検定は分布の違いを検定する方法である．以下，順にこれらを説明する．

2-5　t 検定

t 検定は，平均値の違いを検定するときに用いられる．主として2つのケースを考える．一つはある母集団からとられた標本の平均値が与えられた時，母集団の平均値が特定の値と言えるかどうかの検定である．もう一つは，2つの母集団からとられたそれぞれの標本の平均値の差が与えられた時，もとの母集団の平均値の差が特定の値と言えるかどうかの検定である．（この特殊例としては，2つの母集団の平均値が同じかどうかという検定にもなる．）まずは，いくつか例をあげてみよう．（以下の例では，X, Y の分布は正規分布であり，かつランダムサンプリングされるということを暗黙に仮定している．）

[例1] 平均値の検定をしたい．X という集団から標本をひとつ取り出したら2だった．

   X : 2

さて，帰無仮説 H_0：「母平均は0である」は採択されるだろうか？

2-5 t 検定

　勘が良い方はおわかりのように，これでは分布のばらつき方に関する情報がないので，情報不足で何とも言えない．

[例2] 平均値の検定をしたい．Xという集団から標本を3つ取り出したら1, 1, 4だった．
　　　　　X : 1, 1, 4
帰無仮説 H_0：「母平均は0である」は採択されるだろうか？
　今度は2つ以上の標本があるので，ばらつき方の情報もわかる．直感的には帰無仮説は採択できない？　実は，採択されてしまうのである．詳細は後で述べる．

[例3] 平均値の検定をしたい．Xという集団から標本を3つ取り出したら11, 11, 14だった．
　　　　　X : 11, 11, 14
帰無仮説 H_0：「母平均は2である」は採択されるだろうか？
　今度こそだいぶずれているので，直感的には採択できないのではないだろうか？　実際，後に述べる方法により，帰無仮説は棄却され，対立仮説「母平均は2より大きい」が採択される．

[例4] 平均値の差の検定をしたい．XおよびYという集団から標本をひとつずつ取り出したら2および1だった．
　　　　　X : 2
　　　　　Y : 1
帰無仮説 H_0：「X, Yの母平均は等しい」は採択されるだろうか？
　上記の例1と同じで，両分布のばらつきに関する情報がないので，情報不足（標本が足りない）ということになる．

[例5] 平均値の差の検定．XおよびYという集団から標本を3つずつ取り出したら以下のようになった．
　　　　　X : 4, 4, 7

2 統計的検定

Y : 1, 1, 4

帰無仮説 H_0 :「X, Y の母平均は等しい」は採択されるだろうか？

結構違いそうには見えるが，サンプル数が少ないので実際には，帰無仮説を棄却できない．

実際に，平均値に関する検定の方法を説明する．ただ，その前に，標本分散について解説する．本来の標本分散は，母集団の真の平均値 μ を用いて

$$s^2 = \frac{1}{n}\sum_{i=1}^{n}(x_i-\mu)^2$$

と計算すれば良い．ところが，標本をとって，母集団の平均値について検定する際には，母集団の平均値 μ はわからない．（そもそも，わかっているならば，検定などする必要はない．）その場合にはどうすれば良いだろうか？　最も確からしい方法は，標本平均で代用する方法である．実際，標本値の加重平均で母平均を推定するには，標本平均がもっとも精度の高い推定値である（**注 2-2**）．

では，上の式で，母集団の真の平均 μ の代わりに，標本平均 $\bar{x}$ を用いるとどうなるだろうか？　そこで，

$$\frac{1}{n}\sum_{i=1}^{n}(x_i-\bar{x})^2$$

の期待値を計算してみる．標本値 x_i と標本平均 $\bar{x}$ を表す確率変数をそれぞれ，X_i, $\bar{X}$ とする．

$$E\left[\frac{1}{n}\sum_{i=1}^{n}(X_i-\bar{X})^2\right] = \frac{1}{n}E[\sum_{i=1}^{n}(X_i-\bar{X})^2] = \frac{1}{n}E\left[\sum_{i=1}^{n}\left(X_i-\frac{1}{n}\sum_{j=1}^{n}X_j\right)^2\right]$$

$$= \frac{1}{n}E\left[\sum_{i=1}^{n}\left\{\frac{n-1}{n}(X_i-\mu)-\frac{1}{n}\sum_{j\neq i}(X_j-\mu)\right\}^2\right] \quad [\mu はキャンセルしあう]$$

$$= \frac{1}{n}\sum_{i=1}^{n}E\left[\left\{\frac{n-1}{n}(X_i-\mu)-\frac{1}{n}\sum_{j\neq i}(X_j-\mu)\right\}^2\right]$$

$$= \frac{1}{n^3}\sum_{i=1}^{n}E[\{(n-1)(X_i-\mu)-\sum_{j\neq i}(X_j-\mu)\}^2]$$

$$= \frac{1}{n^3}\sum_{i=1}^{n}E[(n-1)^2(X_i-\mu)^2+\sum_{j\neq i}(X_j-\mu)^2-2(n-1)\sum_{j\neq i}(X_i-\mu)(X_j-\mu)$$

2-5 t 検定

$$+2\sum_{j,k\neq i, j<k}(X_j-\mu)(X_k-\mu)]$$

$$=\frac{1}{n^3}\sum_{i=1}^{n}\{(n-1)^2 E[(X_i-\mu)^2]+\sum_{j\neq i}E[(X_j-\mu)^2]$$

$$-2(n-1)\sum_{j\neq i}E[(X_i-\mu)(X_j-\mu)]+2\sum_{j,k\neq i, j<k}E[(X_j-\mu)(X_k-\mu)]\}$$

$$=\frac{1}{n^3}\sum_{i=1}^{n}\{(n-1)^2\sigma^2+\sum_{j\neq i}\sigma^2-2(n-1)\sum_{j\neq i}Cov[X_i,X_j]+2\sum_{j,k\neq i, j<k}Cov[X_j,X_k]\}$$

$$=\frac{1}{n^3}\sum_{i=1}^{n}[(n-1)^2\sigma^2+\sum_{j\neq i}\sigma^2] \quad [独立性により共分散は0なので]$$

$$=\frac{1}{n^3}\sum_{i=1}^{n}[(n-1)^2\sigma^2+(n-1)\sigma^2]=\frac{1}{n^3}\sum_{i=1}^{n}(n-1)n\sigma^2=\frac{1}{n^3}n(n-1)n\sigma^2$$

$$=\frac{n-1}{n}\sigma^2$$

残念ながら，母分散 σ^2 に一致しない！ 感覚的な説明をすると，本来，母平均を使うべきところ，標本平均を使っており，より標本値の中心に近い値との偏差を計算しているので，少し小さめになってしまうのである．これを補正するには，全体を $n/(n-1)$ 倍すればよい．つまり，母分散を推定するための標本分散としては，

$$\frac{1}{n-1}\sum_{i=1}^{n}(x_i-\overline{x})^2$$

を用いれば良い．これを**不偏分散**という．標本分散は母分散の推定値である．推定値として適切な性質の一つに不偏性がある．**不偏性**とは，期待値が推定されるべき真の値になることである．上記の推定値（$(n-1)$ を分母に用いたもの）は，期待値が母分散 σ^2 と一致するので不偏性を満たす．このため，不偏分散と呼ばれる．以下，**標本分散** s^2 はこの値を，また，**標本標準偏差** s はこの平方根を用いる．

$$s^2 = \frac{1}{n-1}\sum_{i=1}^{n}(x_i-\overline{x})^2$$

$$s = \sqrt{\frac{1}{n-1}\sum_{i=1}^{n}(x_i-\overline{x})^2}$$

2　統計的検定

(1) 平均値の検定

標本分散を定義できたところで，平均値の検定方法を述べる．母平均が μ の母集団から n 個の標本をとったときその値を，$\{x_i : i = 1, \ldots, n\}$ とする．この標本分散は

$$s^2 = \frac{1}{n-1} \sum_{i=1}^{n} (x_i - \overline{x})^2$$

で計算される．さて，標本平均を表す確率変数 $\overline{X}$ の分散は，

$$V[\overline{X}] = \frac{\sigma^2}{n}$$

である．母集団が正規分布に従うとすれば，大きさ n の標本の標本平均も正規分布に従う．また，母集団が正規分布に従わないとしても，n が大きければ，中心極限定理によって，標本平均は正規分布に従うものと近似できる．よって，

$$\frac{\overline{X} - \mu}{\sqrt{\frac{\sigma^2}{n}}}$$

は，(基準化されているので) 標準正規分布 $N(0, 1)$ に従う．ところが，母分散はわからないので，代わりに，母分散の不偏推定値である標本分散を用いると，

$$\frac{\overline{X} - \mu}{\sqrt{\frac{s^2}{n}}}$$

は正規分布ではなく，もう少しばらつきの大きい分布に従うことになる．この分布は t 分布として知られている．t 分布には**自由度**というパラメータがある．この際，不偏分散の分母に相当する $n-1$ が自由度となる．

もしも帰無仮説 H_0 として $\mu = a$，対立仮説 H_1 として $\mu > a$ を設定した場合は，まず，帰無仮説が正しいとすると，

$$t = \frac{\overline{X} - a}{\sqrt{\frac{s^2}{n}}}$$

(これを t 統計量と呼ぶことがある) が自由度 $n-1$ の t 分布に従うために，

2-5 t 検定

$$\Pr\left[T \geq \frac{\bar{x}-a}{\sqrt{\frac{s^2}{n}}}\right]$$

の確率を計算し，これが有意水準（例えば，0.05）以下ならば，あり得ないほど標本平均が大きいと判断して，帰無仮説を棄却し，対立仮説を採択することになる．

なお，対立仮説の立て方には，$\mu > a$ というような大小関係を明確にするものと，$\mu \neq a$ というように，単純に帰無仮説を否定するだけのものとある．前者は**片側検定**といい，後者は**両側検定**という．後者のような仮説の場合は，

$$\Pr\left[|T| \geq \frac{|\bar{x}-a|}{\sqrt{\frac{s^2}{n}}}\right]$$

の確率を計算し，これが有意水準（例えば，0.05）以下かどうかで対立仮説を採択するかどうかを決める．これは，t 分布の両端の部分の確率を加えることになるので，両側検定と呼ばれる．どちらかと言えば，$\mu > a$ が言えるかどうかに重点がある場合は片側検定，逆に $\mu = a$ が言えるかどうかに重点がある場合は，両側検定を用いることが多い．

自由度 $n-1$ で有意水準が α の場合の t 分布の臨界値（それ以上の t の値となる確率がちょうど α となる値）を $t^*_{n-1}(\alpha)$ と書くことにすれば，以上のことを簡潔に述べると以下のようになる．

$H_0 : \mu = a$，$H_1 : \mu > a$ の場合，$t = \dfrac{\bar{x}-a}{\sqrt{\dfrac{s^2}{n}}} > t^*_{n-1}(\alpha)$ ならば H_0 を棄却して H_1 を採択

上記の例 2 の場合には，$\bar{x} = 2$, $s^2 = 3$, $t = \dfrac{2-0}{\sqrt{\dfrac{3}{3}}} = 2 < t^*_2(0.05) = 2.92$ であり，$\Pr[T \geq 2] > 0.05$ となるため，H_0 を棄却できない．

また，例 3 の場合には，$\bar{x} = 12$, $s^2 = 3$, $t = \dfrac{12-2}{\sqrt{\dfrac{3}{3}}} = 10 > t^*_2(0.005) = 9.92$

であり，$\Pr[T \geq 10] < 0.005$ となるため，H_0 を棄却され，「H_1：母平均は 2 より大きい」が採択される．

(2) 平均値の差の検定

平均値の差を検定する方法を述べる．母平均が μ_X の母集団 X から n_X 個の標本をとり，母平均 μ_Y の母集団 Y から n_Y 個の標本をとり，それぞれの値を，$\{x_i : i = 1, ..., n_X\}$，$\{y_j : j = 1, ..., n_Y\}$ とする．この標本分散はそれぞれ，

$$s_X^2 = \frac{1}{n_X - 1} \sum_{i=1}^{n_X} (x_i - \overline{x})^2$$

$$s_Y^2 = \frac{1}{n_Y - 1} \sum_{j=1}^{n_Y} (y_j - \overline{y})^2$$

である．さて，集団 X と集団 Y の母分散は等しく，σ^2 であるとして議論を進める（**注 2-3**）．まず，X の標本および Y の標本から計算される標本全体の分散を s^2 とする．

$$s^2 = \frac{\sum_{i=1}^{n_X}(x_i - \overline{x})^2 + \sum_{j=1}^{n_Y}(y_j - \overline{y})^2}{n_X + n_Y - 2} = \frac{(n_X - 1)s_X^2 + (n_Y - 1)s_Y^2}{n_X + n_Y - 2}$$

分母が -2 となることに注意．これは，X の標本分散の自由度と Y の標本分散の自由度の和となっている．この s^2 が母集団の分散の不偏推定量となっている．

X から取り出した n_X 個の標本の標本平均を表す確率変数 $\overline{X}$ の分散は

$$V[\overline{X}] = \frac{\sigma^2}{n_X}$$

Y から取り出した n_Y 個の標本の標本平均を表す確率変数 $\overline{Y}$ の分散は

$$V[\overline{Y}] = \frac{\sigma^2}{n_Y}$$

となる．2 つの平均値は独立であることに注意すると，平均値の差の分散は以下のように計算できる．

$$V[\overline{X} - \overline{Y}] = V[\overline{X}] + V[\overline{Y}] = \frac{\sigma^2}{n_X} + \frac{\sigma^2}{n_Y} = \sigma^2 \left(\frac{1}{n_X} + \frac{1}{n_Y} \right)$$

実際には，母分散はわからないので，代わりに，母分散の不偏推定値である標

2-5 t 検定

本から計算された分散 s^2 を用いると,

$$\frac{(\bar{x}-\bar{y})-(\mu_X-\mu_Y)}{\sqrt{s^2\left(\frac{1}{n_X}+\frac{1}{n_Y}\right)}}$$

は正規分布ではなく,上と同じように t 分布に従う.ただし,今度は自由度が (n_X+n_Y-2) となる.

帰無仮説 H_0 として $\mu_X-\mu_Y=a$,対立仮説 H_1 として $\mu_X-\mu_Y>a$ を設定した場合は,まず,帰無仮説が正しいとすると,

$$t=\frac{(\bar{x}-\bar{y})-a}{\sqrt{s^2\left(\frac{1}{n_X}+\frac{1}{n_Y}\right)}}$$

が自由度 n_X-n_Y-2 の t 分布に従うために,

$$\Pr\left[T\geq\frac{(\bar{x}-\bar{y})-a}{\sqrt{s^2\left(\frac{1}{n_X}+\frac{1}{n_Y}\right)}}\right]$$

の確率を計算し,これが有意水準(例えば,0.05)以下ならば,あり得ないほど標本平均の差が大きいと判断して,帰無仮説を棄却し,対立仮説を採択することになる.

以上のことを簡潔に述べると,以下のようになる.

$H_0: \mu_X-\mu_Y=a$, $H_1: \mu_X-\mu_Y>a$ の場合,$t=\dfrac{(\bar{x}-\bar{y})-a}{\sqrt{s^2\left(\frac{1}{n_X}+\frac{1}{n_Y}\right)}}>t^*_{n_X+n_Y-2}(\alpha)$ ならば H_0 を棄却して H_1 を採択

なお,もっともよく使われる検定は平均値が同じと言えるかどうかの検定,すなわち,$a=0$ の検定である.

上記の例 5 の場合には,$\bar{x}=5$, $\bar{y}=2$, $s_X^2=s_Y^2=3$, $t=\dfrac{5-2}{\sqrt{3\left(\frac{1}{3}+\frac{1}{3}\right)}}=\dfrac{3}{\sqrt{2}}$ $=2.1213<t_4^*(0.05)=2.13$ であり,$\Pr[T\geq 2.1213]>0.05$ となるため,H_0 を棄却できない.

なお,t 分布の臨界値などは統計表(**表 2-1**)が用意され,例えば,MS-

2 統計的検定

表 2-1　t 検定のための統計表

ν \ α / 2α	0.250 / 0.500	0.100 / 0.200	0.050 / 0.100	0.025 / 0.050	0.010 / 0.020	0.005 / 0.010
1	1.000	3.078	6.314	12.706	31.821	63.657
2	0.816	1.886	2.920	4.303	6.965	9.925
3	0.765	1.638	2.353	3.182	4.541	5.841
4	0.741	1.533	2.132	2.776	3.747	4.604
5	0.727	1.476	2.015	2.571	3.365	4.032
6	0.718	1.440	1.943	2.447	3.143	3.707
7	0.711	1.415	1.895	2.365	2.998	3.499
8	0.706	1.397	1.860	2.306	2.896	3.355
9	0.703	1.383	1.833	2.262	2.821	3.250
10	0.700	1.372	1.812	2.228	2.764	3.169
11	0.697	1.363	1.796	2.201	2.718	3.106
12	0.695	1.356	1.782	2.179	2.681	3.055
13	0.694	1.350	1.771	2.160	2.650	3.012
14	0.692	1.345	1.761	2.145	2.624	2.977
15	0.691	1.341	1.753	2.131	2.602	2.947
16	0.690	1.337	1.746	2.120	2.583	2.921
17	0.689	1.333	1.740	2.110	2.567	2.898
18	0.688	1.330	1.734	2.101	2.552	2.878
19	0.688	1.328	1.729	2.093	2.539	2.861
20	0.687	1.325	1.725	2.086	2.528	2.845
21	0.686	1.323	1.721	2.080	2.518	2.831
22	0.686	1.321	1.717	2.074	2.508	2.819
23	0.685	1.319	1.714	2.069	2.500	2.807
24	0.685	1.318	1.711	2.064	2.492	2.797
25	0.684	1.316	1.708	2.060	2.485	2.787
26	0.684	1.315	1.706	2.056	2.479	2.779
27	0.684	1.314	1.703	2.052	2.473	2.771
28	0.683	1.313	1.701	2.048	2.467	2.763
29	0.683	1.311	1.699	2.045	2.462	2.756
30	0.683	1.310	1.697	2.042	2.457	2.750
31	0.682	1.309	1.696	2.040	2.453	2.744
32	0.682	1.309	1.694	2.037	2.449	2.738
33	0.682	1.308	1.692	2.035	2.445	2.733
34	0.682	1.307	1.691	2.032	2.441	2.728
35	0.682	1.306	1.690	2.030	2.438	2.724
36	0.681	1.306	1.688	2.028	2.434	2.719
37	0.681	1.305	1.687	2.026	2.431	2.715
38	0.681	1.304	1.686	2.024	2.429	2.712
39	0.681	1.304	1.685	2.023	2.426	2.708
40	0.681	1.303	1.684	2.021	2.423	2.704
50	0.679	1.299	1.676	2.009	2.403	2.678
60	0.679	1.296	1.671	2.000	2.390	2.660
80	0.678	1.292	1.664	1.990	2.374	2.639
100	0.677	1.290	1.660	1.984	2.364	2.626
150	0.676	1.287	1.655	1.976	2.351	2.609
200	0.676	1.286	1.653	1.972	2.345	2.601
500	0.675	1.283	1.648	1.965	2.334	2.586
∞	0.674	1.282	1.645	1.960	2.326	2.576

注：この表は，$t_\nu^*(\alpha)$ の値を表示している．両側検定するときは，2α で見れば良い．

2-5 t 検定

Excel でも関数が用意されて，簡単に計算できるようになっている．

練習問題 2-2 X という集団からとった標本は $\{0, 1, 2, 3, 3, 6\}$，Y という集団からとった標本は $\{2, 5, 6, 7, 8, 8\}$ であった．以下の検定をせよ．
(1) X の母平均は 0 より大きいかどうか．
(2) X と Y の母平均では，Y の方が大きいかどうか．

注 2-2 母平均の最良推定量

$$Y = \sum_{i=1}^{n} w_i X_i$$

(ただし，$w_i > 0$ かつ $\sum_{i=1}^{n} w_i = 1$) で母平均 μ を推定することを考える．まず，この推定値の期待値は μ となることは簡単にわかる．(この性質は不偏性と呼ばれる．)

$$E[Y] = E\left[\sum_{i=1}^{n} w_i X_i\right] = \sum_{i=1}^{n} w_i E[X_i] = \sum_{i=1}^{n} w_i \mu = \mu$$

次にこの分散を求める．

$$V[Y] = V\left[\sum_{i=1}^{n} w_i X_i\right] = \sum_{i=1}^{n} V[w_i X_i] = \sum_{i=1}^{n} w_i^2 V[X_i] = \sum_{i=1}^{n} w_i^2 \sigma^2$$

よって，この分散を最小にするには，$\sum_{i=1}^{n} w_i^2$ を最小化すれば良い．これは，$w_i > 0$ かつ $\sum_{i=1}^{n} w_i = 1$ という制約のもとでは，$w_i = \dfrac{1}{n}$ の時が最小となる．

注 2-3 母分散が異なる場合の平均値の差の検定：**Welch の t 検定**

通常の t 検定 (Student の t 検定) は，2 つの母集団が同じ分散を持つことを前提にしている．そのため，等分散でないと，t 検定は使えない．等分散とは言えないときの方法として，Welch の t 検定がある (竹内・大橋, 1981)．Welch の t 検定の場合には，以下の t 統計量を用いて検定を行う．

$$t = \frac{(\bar{x} - \bar{y}) - a}{\sqrt{\dfrac{s_X^2}{n_X} + \dfrac{s_Y^2}{n_Y}}}$$

Welch の検定の特異なところは，この t 統計量の自由度 ν として，以下で与えられる近似式を使う点である．

$$\nu = \frac{\left(\frac{s_X^2}{n_X}+\frac{s_Y^2}{n_Y}\right)^2}{\frac{s_X^4}{n_X^2(n_X-1)}+\frac{s_Y^4}{n_Y^2(n_Y-1)}}$$

この自由度は整数値にはならないため,統計表には載っていないことがある.その場合は,それを挟む整数値から判断することとなる.

2-6　F検定

F検定は,分散の違いを検定するときに用いられる.X,Yという2つのグループから標本を取り出し,その標本結果から,これらの母集団の分散,すなわち母分散が等しいと言えるかどうかを検定することになる.帰無仮説は,「H_0:XとYの母分散は等しい.つまり,$\sigma_X^2 = \sigma_Y^2$」であり,通常は,それに対して,Xからの標本分散の方が大きいとき,対立仮説は,「$H_1:\sigma_X^2 > \sigma_Y^2$」となる.

まずは,例をあげてみよう.

[**例1**] 分散の違いの検定.XおよびYから標本を取り出したら以下のようになった.

　　　　X:0, 0, 9

　　　　Y:1, 1, 4

XとYの母分散は等しいと言えるだろうか？

この例ではXから取り出された標本の方が,ばらつきが大きい.だいぶ違うようにも見えるが,標本が少ないので微妙な感じもする.実は,統計的には有意な差があるとは言えない.

[**例2**] 分散の違いの検定.XおよびYから標本を取り出したら以下のようになった.

　　　　X:0, 0, 9, 0, 0, 9

　　　　Y:1, 1, 4, 1, 1, 4

XとYの母分散は等しいと言えるだろうか？

単にこの例では標本の大きさが2倍になっただけであるが,今度はどうだろ

2-6　F検定

うか？　この場合は，有意な違いがあると言える．

このような検定をするための方法を以下で説明する．まずは，X，Yから取り出した標本を，それぞれ，

$X : \{x_i : i = 1, \cdots, n_X\}$
$Y : \{y_j : j = 1, \cdots, n_Y\}$

とする．Xの標本分散をs_X^2，Yの標本分散をs_Y^2とする．以下では，Xの標本分散の方がYの標本分散よりも大きいことを想定して説明する．

ここで，帰無仮説はXとYの母分散が等しいという仮説であり，対立仮説はXの母分散の方が大きいという仮説である．すなわち，

$H_0 : \sigma_X^2 = \sigma_Y^2$
$H_1 : \sigma_X^2 > \sigma_Y^2$

である．

F検定では，分散の比を統計値として用いる．分散比fを以下のように定義する．

$$f = \frac{s_X^2}{s_Y^2}$$

もしも，Xの母分散とYの母分散が同じであれば，この分散比fは1に近い値となるはずである．

XとYの母集団が，どちらも標準正規分布$N(0, 1)$に従っていると仮定すると，この分散比fはF分布と呼ばれる分布に従う．F分布では分子と分母に入る分散の自由度をパラメータとする．分子の分散の自由度$\nu_1 = n_X - 1$および分母の分散の自由度$\nu_2 = n_Y - 1$である．適切な有意水準をαとすると，分散比の確率変数Fが標本で計算された分散比以上になる確率を計算し，それがα以下ならば，等分散の仮定からはあり得ないことが起きたと解釈し，等分散であるという帰無仮説H_0を棄却して，Xの母分散の方がYの母分散よりも大きいという対立仮説H_1を採択することになる．

ちょうど確率が有意水準に等しくなるfの臨界値を$F^*(\nu_1, \nu_2, \alpha)$と書くことにする．

$$\Pr[F \geq F^*(\nu_1, \nu_2, \alpha)] = \alpha$$

表 2-2　F 検定のための統計表

$\alpha=0.05$

ν_1 \ ν_2	1	2	3	4	5	6	7	8	9	10	20	50	100	200	500	∞
1	161.4	199.5	215.7	224.6	230.2	234.0	236.8	238.9	240.5	241.9	248.0	251.8	253.0	253.7	254.1	254.3
2	18.51	19.00	19.16	19.25	19.30	19.33	19.35	19.37	19.38	19.40	19.45	19.48	19.49	19.49	19.49	19.50
3	10.13	9.55	9.28	9.12	9.01	8.94	8.89	8.85	8.81	8.79	8.66	8.58	8.55	8.54	8.53	8.53
4	7.71	6.94	6.59	6.39	6.26	6.16	6.09	6.04	6.00	5.96	5.80	5.70	5.66	5.65	5.64	5.63
5	6.61	5.79	5.41	5.19	5.05	4.95	4.88	4.82	4.77	4.74	4.56	4.44	4.41	4.39	4.37	4.36
6	5.99	5.14	4.76	4.53	4.39	4.28	4.21	4.15	4.10	4.06	3.87	3.75	3.71	3.69	3.68	3.67
7	5.59	4.74	4.35	4.12	3.97	3.87	3.79	3.73	3.68	3.64	3.44	3.32	3.27	3.25	3.24	3.23
8	5.32	4.46	4.07	3.84	3.69	3.58	3.50	3.44	3.39	3.35	3.15	3.02	2.97	2.95	2.94	2.93
9	5.12	4.26	3.86	3.63	3.48	3.37	3.29	3.23	3.18	3.14	2.94	2.80	2.76	2.73	2.72	2.71
10	4.96	4.10	3.71	3.48	3.33	3.22	3.14	3.07	3.02	2.98	2.77	2.64	2.59	2.56	2.55	2.54
20	4.35	3.49	3.10	2.87	2.71	2.60	2.51	2.45	2.39	2.35	2.12	1.97	1.91	1.88	1.86	1.84
50	4.03	3.18	2.79	2.56	2.40	2.29	2.20	2.13	2.07	2.03	1.78	1.60	1.52	1.48	1.46	1.44
100	3.94	3.09	2.70	2.46	2.31	2.19	2.10	2.03	1.97	1.93	1.68	1.48	1.39	1.34	1.31	1.28
200	3.89	3.04	2.65	2.42	2.26	2.14	2.06	1.98	1.93	1.88	1.62	1.41	1.32	1.26	1.22	1.19
500	3.86	3.01	2.62	2.39	2.23	2.12	2.03	1.96	1.90	1.85	1.59	1.38	1.28	1.21	1.16	1.11
∞	3.84	3.00	2.60	2.37	2.21	2.10	2.01	1.94	1.88	1.83	1.57	1.35	1.24	1.17	1.11	1.00

$\alpha=0.01$

ν_1 \ ν_2	1	2	3	4	5	6	7	8	9	10	20	50	100	200	500	∞
1	4052	5000	5403	5625	5764	5859	5928	5981	6022	6056	6209	6303	6334	6350	6360	6366
2	98.50	99.00	99.17	99.25	99.30	99.33	99.36	99.37	99.39	99.40	99.45	99.48	99.49	99.49	99.50	99.50
3	34.12	30.82	29.46	28.71	28.24	27.91	27.67	27.49	27.35	27.23	26.69	26.35	26.24	26.18	26.15	26.13
4	21.20	18.00	16.69	15.98	15.52	15.21	14.98	14.80	14.66	14.55	14.02	13.69	13.58	13.52	13.49	13.46
5	16.26	13.27	12.06	11.39	10.97	10.67	10.46	10.29	10.16	10.05	9.55	9.24	9.13	9.08	9.04	9.02
6	13.75	10.92	9.78	9.15	8.75	8.47	8.26	8.10	7.98	7.87	7.40	7.09	6.99	6.93	6.90	6.88
7	12.25	9.55	8.45	7.85	7.46	7.19	6.99	6.84	6.72	6.62	6.16	5.86	5.75	5.70	5.67	5.65
8	11.26	8.65	7.59	7.01	6.63	6.37	6.18	6.03	5.91	5.81	5.36	5.07	4.96	4.91	4.88	4.86
9	10.56	8.02	6.99	6.42	6.06	5.80	5.61	5.47	5.35	5.26	4.81	4.52	4.41	4.36	4.33	4.31
10	10.04	7.56	6.55	5.99	5.64	5.39	5.20	5.06	4.94	4.85	4.41	4.12	4.01	3.96	3.93	3.91
20	8.10	5.85	4.94	4.43	4.10	3.87	3.70	3.56	3.46	3.37	2.94	2.64	2.54	2.48	2.44	2.42
50	7.17	5.06	4.20	3.72	3.41	3.19	3.02	2.89	2.78	2.70	2.27	1.95	1.82	1.76	1.71	1.68
100	6.90	4.82	3.98	3.51	3.21	2.99	2.82	2.69	2.59	2.50	2.07	1.74	1.60	1.52	1.47	1.43
200	6.76	4.71	3.88	3.41	3.11	2.89	2.73	2.60	2.50	2.41	1.97	1.63	1.48	1.39	1.33	1.28
500	6.69	4.65	3.82	3.36	3.05	2.84	2.68	2.55	2.44	2.36	1.92	1.57	1.41	1.31	1.23	1.16
∞	6.63	4.61	3.78	3.32	3.02	2.80	2.64	2.51	2.41	2.32	1.88	1.52	1.36	1.25	1.15	1.00

注：上の表は $F^*(\nu_1, \nu_2, 0.05)$ の値，下の表は $F^*(\nu_1, \nu_2, 0.01)$ の値を示している．

　すると，標本から求められた分散比 f が $F^*(\nu_1, \nu_2, \alpha)$ 以上であれば，帰無仮説を棄却することになる．この臨界値については，統計表（**表 2-2**）が整備されており，また，MS-Excel でも関数が用意されていて簡単に計算できる．

　簡潔に述べると以下のようになる．なお，有意水準 α としては，0.05 がよ

く使われる.

$H_0 : \sigma_X^2 = \sigma_Y^2$, $H_1 : \sigma_X^2 > \sigma_Y^2$ の場合,$f = \dfrac{s_X^2}{s_Y^2} \geq F^*(n_X-1, n_Y-1, \alpha)$ ならば H_0 を棄却して H_1 を採択

実際に上の例について,計算してみる.

例 1 では,$s_X^2 = 27$,$s_Y^2 = 3$,$f = \dfrac{27}{3} = 9 < F^*(2, 2, 0.05) = 19$ であるため,H_0 は棄却されない.

例 2 では,$s_X^2 = 20.4$,$s_Y^2 = 2.4$,$f = \dfrac{20.4}{2.4} = 8.5 < F^*(5, 5, 0.05) = 5.05$ であるため,H_0 は棄却され,H_1 が採択される.

練習問題 2-3　X, Y から取られた標本が,それぞれ,
　　X : {1, 3, 5, 7, 9, 11}
　　Y : {2, 6, 10, 14, 18, 22}
であった.X の母分散と Y の母分散は等しいと言えるだろうか.それとも X の母分散の方が大きいだろうか.

分散の違いの検定は,いろいろな場面で活用される.主な例としては,一元配置分散分析,二元配置分散分析,回帰分析における回帰式の有意性の検定などがある.ここでは,一元配置分散分析,二元配置分散分析の2つを紹介する.

(1) 一元配置分散分析

一元配置とは,データを 1 次元的に並べたものという意味だが,実際には,複数のグループがあり,それぞれの標本を一行に並べたものである.グループをここでは群と呼ぶ.群は全部で J 個あるとし,j 番目の群を G_j で表すことにする.j 番目の群の標本は n_j 個あるものとする.総標本数は n とする.

$$n = \sum_{j=1}^{J} n_j$$

また,j 番目の群の i 番目の標本の値を x_{ij} とする.

2 統計的検定

群	標本
G_1	$x_{11}, x_{21}, ..., x_{n_1 1}$
G_2	$x_{12}, x_{22}, ..., x_{n_2 2}$
⋮	
G_J	$x_{1J}, x_{2J}, ..., x_{n_J J}$

ここで，各群の母平均はすべて等しいかどうかを検定するときに，F 検定が使える．F 検定は分散の違いの検定であって，平均値の検定ではないのでは？と疑問に思うかもしれない．実は，平均値の違いの検定を，分散を使って検定するのである．

まず，すべての標本の平均値を $\bar{x}$ とする．

$$\bar{x} = \frac{\sum_{j=1}^{J} \sum_{i=1}^{n_j} x_{ij}}{\sum_{j=1}^{J} n_j}$$

すると，すべての観測値の平均値からの偏差の二乗和（**全変動**）S_T は，以下のように表すことができる．

$$S_T = \sum_{j=1}^{J} \sum_{i=1}^{n_j} (x_{ij} - \bar{x})^2$$

さて，群それぞれの中での変動も求めてみる．j 番目の群の平均値を $\bar{x}_j$ とする．

$$\bar{x}_j = \frac{1}{n_j} \sum_{i=1}^{n_j} x_{ij}$$

この群の中での変動を S_j とすると，

$$S_j = \sum_{i=1}^{n_j} (x_{ij} - \bar{x}_j)^2$$

である．すべての群についてそれを足し合わせたものを S_W とする．

$$S_W = \sum_{j=1}^{J} S_j = \sum_{j=1}^{J} \sum_{i=1}^{n_j} (x_{ij} - \bar{x}_j)^2$$

これは，**群内変動**と呼ばれる．

他方，群の間の変動もあるが，それは，群の平均値と全体の平均値との差の二乗を足し合わせたものとなる．それを，**群間変動**と呼び，S_B で表す．

2-6 F検定

$$S_B = \sum_{j=1}^{J} n_j(\overline{x}_j - \overline{x})^2$$

すると，全変動 S_T は群内変動 S_W と群間変動 S_B の和となる（**注2-4**）．つまり，全変動は，群内変動と群間変動に分解されるのである．

$$S_T = S_W + S_B$$

それぞれの自由度は以下のようになる．全変動については，標本の総数から1を引いた $n-1$（これは，分散を求める場合に，本来は，母平均を使うべきところを，総平均値を使っているため），群間変動については，群の数から1を引いた $J-1$（これは，分散を求める場合には，やはり母平均を用いるべきところを，群の平均値で求めることのできる全平均値を使っているため），群内変動については，全変動の自由度から群間変動の自由度を差し引いた $n-J$ となる．変動を自由度で除したものが分散である．このため，群間変動から計算される分散 V_B と群内変動から計算される分散 V_W を計算できる．

$$V_B = \frac{S_B}{J-1}$$

$$V_W = \frac{S_W}{n-J}$$

もしも，各群の平均値が等しいならば，群間変動もしくはそれから計算される分散は極めて小さく，全変動は群内変動とほぼ等しくなるはずである．そこで，分散比 f を以下のように定義する．

$$f = \frac{V_B}{V_W}$$

帰無仮説 H_0 を「各群の母平均がすべて等しい」とすると，f は，第1自由度（分子の分散の自由度）$J-1$，第2自由度（分母の分散の自由度）$n-J$ の F 分布に従う．もしも，この f の値が大きく，

$$f \geq F^*(J-1, n-J, \alpha)$$

（例えば，$\alpha = 0.05$）であれば，有意に大きいと判断し，帰無仮説を棄却し，各群の母平均がすべて等しいとは言えないという対立仮説を採択することになる．

数値例を示そう．3つの県の16歳の生徒を標本にとり，英語の点数を調べたら以下のようになったとする．

G_1	58, 65, 74, 84, 99
G_2	72, 76, 82, 97, 98
G_3	64, 71, 88, 92, 95

G_2県が結構高く，G_1県が低いため，県の間に優劣があるように見える．それぞれの県の平均値は，順に76, 85, 82となる．また，全体の平均値は81となる．群内変動S_W，群間変動S_Bを求めると，

$$S_W = 1042+572+750 = 2364$$
$$S_B = 125+80+5 = 210$$

となるため，それぞれから計算される分散は

$$V_W = 2364/12 = 197$$
$$V_B = 210/2 = 105$$

となる．分散比を求めると，

$$f = \frac{V_B}{V_W} = \frac{105}{197} = 0.533 < F^*(2, 12, 0.05) = 3.89$$

となり，各県の母平均が等しいという帰無仮説を棄却できないということになる．

(2) 二元配置分散分析

　二元配置とはデータを2次元的に並べたものという意味である．二元配置分散分析は，2つの要因A, Bがあり，その組み合わせごとに観測値が得られた場合に要因Aの効果がない，もしくは要因Bの効果がないという仮説を検定する方法である．要因Aとしては，$A_1 \sim A_a$のa個の要素があり，要因Bとしては，$B_1 \sim B_b$のb個の要素があるとする．A_iとB_jの組み合わせで得られた観測値をx_{ij}とする．

2-6　F検定

	要因 B			
要因 A	B_1	B_2	$\cdots$	B_b
A_1	x_{11}	x_{12}		x_{1b}
A_2	x_{21}	x_{22}		x_{2b}
$\vdots$				
A_a	x_{a1}	x_{a2}		x_{ab}

全観測値の平均値を $\bar{x}_{\bullet\bullet} = \dfrac{1}{ab}\sum\limits_{i=1}^{a}\sum\limits_{j=1}^{b}x_{ij}$, 要因 A 毎の平均値を $\bar{x}_{i\bullet} = \dfrac{1}{b}\sum\limits_{j=1}^{b}x_{ij}$, 要因 B 毎の平均値を $\bar{x}_{\bullet j} = \dfrac{1}{a}\sum\limits_{i=1}^{a}x_{ij}$ とする. すると, 全変動 S_T は要因 A による変動 S_A, 要因 B による変動 S_B, 残差としての変動 S_E の 3 つに分解できる (**注 2 - 5**).

$$S_T = \sum_{i=1}^{a}\sum_{j=1}^{b}(x_{ij}-\bar{x}_{\bullet\bullet})^2$$

$$S_A = b\sum_{i=1}^{a}(\bar{x}_{i\bullet}-\bar{x}_{\bullet\bullet})^2$$

$$S_B = a\sum_{j=1}^{b}(\bar{x}_{\bullet j}-\bar{x}_{\bullet\bullet})^2$$

$$S_E = \sum_{i=1}^{a}\sum_{j=1}^{b}(x_{ij}-\bar{x}_{i\bullet}-\bar{x}_{\bullet j}+\bar{x}_{\bullet\bullet})^2$$

$$S_T = S_A+S_B+S_E$$

それぞれの変動の自由度は以下のようになる. 全変動については, 標本の総数から 1 を引いた $ab-1$ (これは, 分散を求める場合に, 本来は, 母平均を使うべきところを, 総平均値を使っているため), A による変動については, 要素数から 1 を引いた $a-1$ (これは, 分散を求める場合には, やはり母平均を用いるべきところを, 要素の平均値で求めることのできる全平均値を使っているため), B による変動については, 要素数から 1 を引いた $b-1$ (これは, 分散を求める場合には, やはり母平均を用いるべきところを, 要素の平均値で求めることのできる全平均値を使っているため), 残差の変動については, 全変動の自由度から両要因の自由度を差し引いた $(ab-1)-(a-1)-(b-1) = ab-a-b+1 = (a-1)(b-1)$ となる. 変動を自由度で除したものが分散である. このため, 要因 A による変動から計算される分散 V_A と要因 B による変動か

ら計算される分散 V_B と残差の変動から計算される分散 V_E を計算できる．

$$V_A = \frac{S_A}{a-1}$$

$$V_B = \frac{S_B}{b-1}$$

$$V_E = \frac{S_E}{(a-1)(b-1)}$$

もしも，要因 A の効果がないならば，A による変動やそれから計算される分散は小さくなるはずである．また，要因 B による効果がないならば，B による変動やそれから計算される分散は小さくなるはずである．そこで，要因 A の効果を検定するための分散比 f_A と要因 B の効果を検定するための分散比 f_B を以下のように定義する．

$$f_A = \frac{V_A}{V_E}$$

$$f_B = \frac{V_B}{V_E}$$

帰無仮説 H_0 を「要因 A の効果はない」とすると，f_A は，第 1 自由度（分子の分散の自由度）$a-1$，第 2 自由度（分母の分散の自由度）$(a-1)(b-1)$ の F 分布に従う．もしも，この f_A の値が大きく，

$$f_A \geq F^*(a-1, (a-1)(b-1), \alpha)$$

（例えば，$\alpha = 0.05$）であれば，有意に大きいと判断し，帰無仮説を棄却し，要因 A は効果があるという対立仮説を採択することになる．

要因 B についても同様に検定できる．帰無仮説 H_0 を「要因 B の効果はない」とすると，f_B は，第 1 自由度（分子の分散の自由度）$b-1$，第 2 自由度（分母の分散の自由度）$(a-1)(b-1)$ の F 分布に従う．もしも，この f_B の値が大きく，

$$f_B \geq F^*(b-1, (a-1)(b-1), \alpha)$$

（例えば，$\alpha = 0.05$）であれば，有意に大きいと判断し，帰無仮説を棄却し，要因 B は効果があるという対立仮説を採択することになる．

数値例を示そう．3 つの県で，それぞれ 5 つの別々の経営主体の塾に行っている 16 歳の生徒を標本にとり，共通テストで英語の点数を調べたら以下のよう

2-6 F検定

になったとする.

	塾B				
県A	B_1	B_2	B_3	B_4	B_5
A_1	65	74	84	58	99
A_2	72	97	76	98	82
A_3	71	64	95	88	92

これは,一元配置分散分析の項で示した数値例と県でのデータは同じだが,塾という新たな要因が加わったのが異なる.塾の間での比較をしてみると,B_5 に通う生徒の成績が良いように見える.変動 S_A,変動 S_B,変動 S_E を計算すると,

$$S_A = 210$$
$$S_B = 778$$
$$S_E = 1586$$

となる.よって,分散比は以下のように計算される.

$$f_A = \frac{V_A}{V_E} = \frac{210/2}{1586/8} = 0.5296 < F^*(2, 8, 0.05) = 4.46$$

$$f_B = \frac{V_B}{V_E} = \frac{778/4}{1586/8} = 0.9811 < F^*(4, 8, 0.05) = 3.84$$

結果として,県間の違いも,塾間の違いもないこととなる.

注 2-4 全体の変動 S_T は群内変動 S_W と群間変動 S_B の和

このことは,以下のように確かめることができる.

$$S_T = \sum_{j=1}^{J} \sum_{i=1}^{n_j} (x_{ij} - \overline{x})^2 = \sum_{j=1}^{J} \sum_{i=1}^{n_j} \{(x_{ij} - \overline{x}_j) - (\overline{x}_j - \overline{x})\}^2$$

$$= \sum_{j=1}^{J} \sum_{i=1}^{n_j} \{(x_{ij} - \overline{x}_j)^2 - 2(x_{ij} - \overline{x}_j)(\overline{x}_j - \overline{x}) + (\overline{x}_j - \overline{x})^2\}$$

$$= \sum_{j=1}^{J} \{\sum_{i=1}^{n_j} (x_{ij} - \overline{x}_j)^2 - 2(\overline{x}_j - \overline{x}) \sum_{i=1}^{n_j} (x_{ij} - \overline{x}_j) + \sum_{i=1}^{n_j} (\overline{x}_j - \overline{x})^2\}$$

$$= \sum_{j=1}^{J} \{\sum_{i=1}^{n_j} (x_{ij} - \overline{x}_j)^2 - 2(\overline{x}_j - \overline{x})(\sum_{i=1}^{n_j} x_{ij} - n_j \overline{x}_j) + n_j(\overline{x}_j - \overline{x})^2\}$$

$$= \sum_{j=1}^{J} \{\sum_{i=1}^{n_j} (x_{ij}-\bar{x}_j)^2 + n_j(\bar{x}_j-\bar{x})^2\}$$

$$= \sum_{j=1}^{J} \sum_{i=1}^{n_j} (x_{ij}-\bar{x}_j)^2 + \sum_{j=1}^{J} n_j(\bar{x}_j-\bar{x})^2$$

$$= S_W + S_B$$

注 2-5 全変動 S_T の S_A, S_B, S_E への分解

注 2-4 と同様に

$$x_{ij}-\bar{x}_{\cdot\cdot} = (\bar{x}_{i\cdot}-\bar{x}_{\cdot\cdot})+(\bar{x}_{\cdot j}-\bar{x}_{\cdot\cdot})+(x_{ij}-\bar{x}_{i\cdot}-\bar{x}_{\cdot j}+\bar{x}_{\cdot\cdot})$$

と分解して，二乗和をまとめると，$S_T = S_A + S_B + S_E$ となることを示すことができる．

2-7 χ^2 検定

χ^2 検定は，分布の違いを検定するときに用いられる．X，Y という 2 つの分布から標本を取り出し，その標本結果から，これらの分布が等しいと言えるかどうかを検定することになる．帰無仮説は，「H_0：X と Y の分布は等しい．」であり，それに対して，対立仮説は，「H_1：X と Y の分布は異なる．」となる．よく使われる方法に，理論から導かれる分布があり，実験結果が理論に適合しているかどうかをチェックするというものがある．この場合は，観測分布が理論分布に適合しているかどうかを検定するという意味で，**適合度検定**と呼ばれる．

まずは，例をあげてみよう．

[例1] 適合度検定．日本人の ABO 式の血液型では，A 型，O 型，B 型，AB 型の順に多いことが知られている．簡便のため，A 型，O 型，B 型，AB 型の比率はそれぞれ，4,3,2,1 割であるとする．それに対して，60 名の標本をとったところ，それぞれの血液型の人が，9,9,6,6 人であったとする．さて，この観測分布は理論分布である 4,3,2,1 割という比率に適合していると言えるだろうか？ これを整理すると以下のようになる．

2-7 χ²検定

血液型	A	O	B	AB
理論比率	0.4	0.3	0.2	0.1
標本頻度	18	18	12	12
理論頻度	24	18	12	6

一番下の理論頻度は，標本総数の60とそれぞれの理論比率をかけたものである．標本はA型が少なく，AB型が多い．特に，AB型は2倍にまでなっているのでだいぶ理論からはずれているようにも見える．後述するが，このケースでは，有意な差があるとまでは言えず，理論分布に適合しているという仮説を棄却することはできない．

さて，それでは，この検定の仕方を考えてみよう．理論確率分布$P(i)$ $(i=1,\ldots,m)$に従うと考えられる標本を集めたら，階級値iに対してそれぞれx_iという頻度が得られた．この標本は，理論分布に従うと言えるだろうか？

帰無仮説H_0は「理論分布に従っている」，対立仮説H_1は「理論分布に従っていない」である．

まずは，理論頻度分布を作成する．観測頻度の合計値をNとすると，

$$N = \sum_{i=1}^{m} x_i$$

である．階級値iの理論頻度y_iは

$$y_i = NP(i)$$

となる．なお，各階級の頻度が5個以上はあることが望ましいとされている．そのため，もしも，y_iの中で5未満の値がある場合は，階級を少しまとめて，どの階級とも理論頻度が5以上になることが望ましい．

次に，以下で定義される統計量Cを求める．

$$C = \sum_{i=1}^{m} \frac{(x_i - y_i)^2}{y_i}$$

もしも，標本が理論分布と適合しているならば，$|x_i - y_i|$はy_iに比べて小さく，よって，Cの値も小さいはずである．この統計量は自由度$m-1$のカイ二乗分布（χ^2分布）に従う．ここで，自由度は階級の数よりも一つ少ないが，これは，もともと，$m-1$の階級の頻度が定まれば，もう一つの階級の値は自動的

2 統計的検定

表2-3 カイ二乗検定のための統計表

α \ ν	0.995	0.990	0.975	0.950	0.900	0.500	0.100	0.050	0.025	0.010	0.005
1	0.00004	0.00016	0.00098	0.00393	0.01579	0.455	2.706	3.841	5.024	6.635	7.879
2	0.0100	0.0201	0.0506	0.1026	0.2107	1.386	4.61	5.99	7.38	9.21	10.60
3	0.072	0.115	0.216	0.352	0.584	2.366	6.25	7.81	9.35	11.34	12.84
4	0.207	0.297	0.484	0.711	1.06	3.36	7.78	9.49	11.14	13.28	14.86
5	0.412	0.554	0.831	1.15	1.61	4.35	9.24	11.07	12.83	15.09	16.75
6	0.676	0.872	1.24	1.64	2.20	5.35	10.64	12.59	14.45	16.81	18.55
7	0.989	1.24	1.69	2.17	2.83	6.35	12.02	14.07	16.01	18.48	20.28
8	1.34	1.65	2.18	2.73	3.49	7.34	13.36	15.51	17.53	20.09	21.95
9	1.73	2.09	2.70	3.33	4.17	8.34	14.68	16.92	19.02	21.67	23.59
10	2.16	2.56	3.25	3.94	4.87	9.34	15.99	18.31	20.48	23.21	25.19
11	2.60	3.05	3.82	4.57	5.58	10.34	17.28	19.68	21.92	24.72	26.76
12	3.07	3.57	4.40	5.23	6.30	11.34	18.55	21.03	23.34	26.22	28.30
13	3.57	4.11	5.01	5.89	7.04	12.34	19.81	22.36	24.74	27.69	29.82
14	4.07	4.66	5.63	6.57	7.79	13.34	21.06	23.68	26.12	29.14	31.32
15	4.60	5.23	6.26	7.26	8.55	14.34	22.31	25.00	27.49	30.58	32.80
16	5.14	5.81	6.91	7.96	9.31	15.34	23.54	26.30	28.85	32.00	34.27
17	5.70	6.41	7.56	8.67	10.09	16.34	24.77	27.59	30.19	33.41	35.72
18	6.26	7.01	8.23	9.39	10.86	17.34	25.99	28.87	31.53	34.81	37.16
19	6.84	7.63	8.91	10.12	11.65	18.34	27.20	30.14	32.85	36.19	38.58
20	7.43	8.26	9.59	10.85	12.44	19.34	28.41	31.41	34.17	37.57	40.00
21	8.03	8.90	10.28	11.59	13.24	20.34	29.62	32.67	35.48	38.93	41.40
22	8.64	9.54	10.98	12.34	14.04	21.34	30.81	33.92	36.78	40.29	42.80
23	9.26	10.20	11.69	13.09	14.85	22.34	32.01	35.17	38.08	41.64	44.18
24	9.89	10.86	12.40	13.85	15.66	23.34	33.20	36.42	39.36	42.98	45.56
25	10.52	11.52	13.12	14.61	16.47	24.34	34.38	37.65	40.65	44.31	46.93
26	11.16	12.20	13.84	15.38	17.29	25.34	35.56	38.89	41.92	45.64	48.29
27	11.81	12.88	14.57	16.15	18.11	26.34	36.74	40.11	43.19	46.96	49.64
28	12.46	13.56	15.31	16.93	18.94	27.34	37.92	41.34	44.46	48.28	50.99
29	13.12	14.26	16.05	17.71	19.77	28.34	39.09	42.56	45.72	49.59	52.34
30	13.79	14.95	16.79	18.49	20.60	29.34	40.26	43.77	46.98	50.89	53.67
40	20.71	22.16	24.43	26.51	29.05	39.34	51.81	55.76	59.34	63.69	66.77
50	27.99	29.71	32.36	34.76	37.69	49.33	63.17	67.50	71.42	76.15	79.49
60	35.53	37.48	40.48	43.19	46.46	59.33	74.40	79.08	83.30	88.38	91.95
80	51.17	53.54	57.15	60.39	64.28	79.33	96.58	101.88	106.63	112.33	116.32
100	67.33	70.06	74.22	77.93	82.36	99.33	118.50	124.34	129.56	135.81	140.17
150	109.14	112.67	117.98	122.69	128.28	149.33	172.58	179.58	185.80	193.21	198.36
200	152.24	156.43	162.73	168.28	174.84	199.33	226.02	233.99	241.06	249.45	255.26
500	422.30	429.39	439.94	449.15	459.93	499.33	540.93	553.13	563.85	576.49	585.21

注：$\chi_\nu^2(\alpha)$ の値を示している．

2-7 χ^2検定

に定まるので,自由に値をとれるのは $m-1$ 個だけであるためである.自由度 $m-1$ のカイ二乗分布で c^* 以上になる確率が α の場合に,この臨界値 c^* を $\chi^2_{m-1}(\alpha)$ とすれば,

$$C \geq \chi^2_{m-1}(\alpha)$$

の時に,有意水準 α と比較して優位に理論分布からの乖離が大きくなってしまっていると判断し,帰無仮説を棄却し,対立仮説を採択する(**表 2-3** 参照).

例1では,

$$C = \frac{(18-24)^2}{24} + \frac{(18-18)^2}{18} + \frac{(12-12)^2}{12} + \frac{(12-6)^2}{6} = 7.5$$

であるが,$\chi^2_3(0.05) = 7.81$ なので,$C < \chi^2_{m-1}(\alpha)$ である.よって,帰無仮説は棄却できず,理論分布に従っているという仮説を採択することになる.

上記の例では,階級値毎に離散的な確率分布が定まっている理論分布を想定しているが,上述したように各階級値の理論頻度は5以上が良いので,あまりにも細かく階級が分かれてしまう場合は,適切に階級をまとめることが推奨される.また,理論分布が連続分布の場合には,いくつかの階級に分けて,それぞれの階級に入る確率を計算し,それを理論確率分布として,カイ二乗検定をすることになる.

カイ二乗検定の典型的な応用例としては,**独立性の検定**がある.これは,2つの特性値で分類したクロス表があった場合に,その特性同士は独立と言えるかどうかを検定するものである.例えば,A, B, Cという薬があり,それをそれぞれ投与した実験をした場合に,3日以内に病気が治癒した者,4日以上1週間以内に病気が治癒した者,1週間以内には治癒しなかった者の頻度を求めて,以下のようなクロス表にまとめたとする.

薬	治癒までに要した日数			計
	3日以内	4〜7日	7日超	
A	34	46	40	120
B	36	60	84	180
C	30	80	90	200
計	100	186	214	500

治癒までに要する日数の分類と用いた薬は独立だろうか？ それとも，特定の薬がよく効くと言えるだろうか？ 上記の表を見ると，Aが他よりも効き目が良さそうにも見える．

このような場合に，独立性の検定をカイ二乗検定で行うことができる．まずは，独立とはどういうことかを考えると，どの薬を用いても，治癒までに要した日数の分類の比率が同じとなることであり，また，どの日数のカテゴリでも，薬を使った比率が同じとなることである．そのため，例えば，薬Aを用いて3日以内に治癒する患者数の理論値は，

$$500 \times \frac{100}{500} \times \frac{120}{500} = 24$$

なので，完全に独立な場合よりは少し多めになっていることがわかる．独立と仮定したときの頻度を理論頻度とすれば，カイ二乗分布を使えそうなことは理解できるだろう．

より，一般的に独立性の検定のケースを述べると以下のようになる．2つの特性A，Bによって分類されたクロス表を考える．特性AはA$_1$〜A$_a$，特性BはB$_1$〜B$_b$に分かれているものとする．特性A$_i$，B$_j$の観察された頻度をx_{ij}とする．特性A$_i$に分類される頻度合計を$n_{i\bullet}$，特性B$_j$に分類される頻度の合計を$n_{\bullet j}$，すべての頻度の合計値を$n_{\bullet\bullet}$とすると，特性A$_i$，B$_j$の理論頻度y_{ij}は

$$y_{ij} = n_{\bullet\bullet} \cdot \frac{n_{i\bullet}}{n_{\bullet\bullet}} \cdot \frac{n_{\bullet j}}{n_{\bullet\bullet}} = \frac{n_{i\bullet} \cdot n_{\bullet j}}{n_{\bullet\bullet}}$$

となる．そこで，統計量Cとして，

$$C = \sum_{i=1}^{a} \sum_{j=1}^{b} \frac{(x_{ij} - y_{ij})^2}{y_{ij}}$$

を計算する．この自由度は，各A$_i$，各B$_j$の頻度の合計値が決まっているので，$(a-1)(b-1)$となる．そこで，

$$C \geq \chi^2_{(a-1)(b-1)}(\alpha)$$

ならば，帰無仮説である独立性を棄却して，独立でないという対立仮説を採択する．

上の例の場合は，

$$C = \frac{\left(34 - \frac{100 \times 120}{500}\right)^2}{\frac{120 \times 100}{500}} + \frac{\left(46 - \frac{186 \times 120}{500}\right)^2}{\frac{186 \times 120}{500}} + \frac{\left(40 - \frac{214 \times 120}{500}\right)^2}{\frac{214 \times 120}{500}}$$

$$+ \frac{\left(36 - \frac{100 \times 180}{500}\right)^2}{\frac{100 \times 180}{500}} + \frac{\left(60 - \frac{186 \times 180}{500}\right)^2}{\frac{186 \times 180}{500}} + \frac{\left(84 - \frac{214 \times 180}{500}\right)^2}{\frac{214 \times 180}{500}}$$

$$+ \frac{\left(30 - \frac{100 \times 200}{500}\right)^2}{\frac{100 \times 200}{500}} + \frac{\left(80 - \frac{186 \times 200}{500}\right)^2}{\frac{186 \times 200}{500}} + \frac{\left(90 - \frac{214 \times 200}{500}\right)^2}{\frac{214 \times 200}{500}}$$

$$= 11.22$$

これは，$C > \chi_4^2(0.05) = 9.49$ であるため，帰無仮説は棄却され，独立とは言えないということになる．

2-8　ノンパラメトリック検定

　これまでの検定では，正規性（母集団が正規分布であること）の仮定をしていた．しかし，現実の分布では，正規性を仮定できない場合がある．そこで，母集団の分布についての仮定が不要な検定手法が編み出されている．それが，ノンパラメトリック検定である．ノンパラメトリック検定は「母数によらない検定」とも言われる．この対語であるパラメトリック検定とは，パラメータによる検定という意味であるが，パラメータとは分布を規定するパラメータ（例えば，正規分布の場合は，平均値と分散がパラメータ）のことで，パラメータを決めれば分布が決まるような状況を意味している．ノンパラメトリックとは，そのようなパラメータに関する考慮をしないという意味になる．母集団の分布に特別の仮定を置かないのであるから，オールマイティーの検定手法であると言える．実際，これまでに述べてきた，t 検定や F 検定などのパラメトリック検定をするような状況においても，ノンパラメトリック検定は適用が可能である．ただ，分布に関する仮定がないということは，それだけ，情報量が少ないので，検定の「キレ」（専門的には，検定力）は若干落ちる．

2 統計的検定

パラメトリック検定の説明をする前に，尺度の分類を説明しておく必要があるだろう．通常，数的なデータは，以下のどれかの尺度になっている．

名義尺度　名目だけが重要な尺度で，例えば，受験番号，出席番号のようなもの．

順序尺度　順番が意味を持つ尺度で，例えば，順位のようなもの．

間隔尺度　間隔の量が意味を持つ尺度で，例えば，温度のようなもの．

比率尺度　比率も意味を持つ尺度で，例えば，長さ，重さのようなもの．

もとの分布がわからなくても，順位は意味を持つ．そこで，ノンパラメトリック検定では，標本の値が比率尺度や間隔尺度ではなく，順序尺度であることを前提とした方法が多い．比率尺度や間隔尺度では，平均値や分散は分布の特徴を示すそれなりの統計値になるが，順序尺度の場合には，それらは有効な指標になり得ない．順序が同じであれば，数値自体に意味は持たないからである．むしろ，順序尺度でも統計的な意味をもつ指標は中央値である．そのため，位置に関する検定は，平均値ではなく中央値が使われる．

ノンパラメトリック検定の主なものとしては，以下の検定がある．

符号検定　中央値の検定

Wilcoxon の順位和検定　中央値の違いの検定

Spearman の順位相関係数，Kendall の順位相関係数　序数尺度の相関

連（run）検定　無作為性の検定

Siegel-Tukey 検定　ばらつき度の違いの検定

Kruskal-Wallis 検定，Jonckheere 検定　一元配置の検定

Friedman 検定，Page 検定　二元配置の検定

芳賀の検定　ずれの検定

Kolmogorov-Smirnov 検定　分布の適合度の検定

この中のいくつかを，以下で紹介する．

(1) 符号検定（中央値の検定）

「標本の母集団の中央値は a であるといえるか？」の検定である．帰無仮説 H_0，対立仮説 H_1 は，それぞれ

H_0：母集団の中央値は a である

2-8 ノンパラメトリック検定

　　　　H_1：母集団の中央値は a より小さい

である．得られた標本を，$\{x_i : i = 1, ..., N\}$ とする．この中で a よりも大きい値（＋）の数を m，a よりも小さい値（－）の数を n とする．符号検定の名称の由来は，このように大きい値に＋，小さい値に－を付けていたことにある．a と全く同じ値のものが無いとすれば，$N = m + n$ である（**注 2 - 6**）．この時，中央値よりも上か下かは確率 1/2 で起きるので，m は二項分布に従う．（ノンパラメトリックと言いつつ，分布が特定されていると批判されそうだが，この二項分布というのは，母集団の分布に関する話では無い！）

　$m < n$ の場合に，＋符号の数の確率変数を K とすると，標準正規分布の累積分布関数を $\Phi(z)$ で表すとして，

$$\Pr[K \leq m] = \sum_{j=0}^{m} \binom{m+n}{j} \left(\frac{1}{2}\right)^j \left(\frac{1}{2}\right)^{m+n-j}$$

$$\approx \Phi\left(\frac{m + \frac{1}{2} - \frac{m+n}{2}}{\sqrt{\frac{m+n}{4}}}\right)$$

となる．後半の部分は二項分布を正規分布で近似している．m と n が小さい場合は近似式を使う必要はなく，直接計算すれば良い．この近似では，離散補正のために，分子で 1/2 を加えている．マイナスの後ろは二項分布の平均値である．分母のルートの中は，二項分布の分散となっている．この確率が，あらかじめ定めた有意水準（例えば，0.05）以下ならば，帰無仮説 H_0 は棄却され，対立仮説 H_1 が採択される．

　例えば，ある母集団から 100 個標本をとって，M より大きいものが 40 個，小さいものが 60 個あったとしたときに，M は中央値と言えるだろうか？　実際に，正規近似の式で確率を計算してみると，

$$\Phi\left(\frac{40 + \frac{1}{2} - \frac{100}{2}}{\sqrt{\frac{100}{4}}}\right) = \Phi(-1.9) = 0.0287 < \alpha = 0.05$$

であるため，帰無仮説は棄却され，中央値は M よりも小さいということになる．

注2-6 aと全く同じ値のものがある場合

aと全く同じ値のものがある場合は，それを除いて検定すれば良い（柳川，1982）．

(2) Wilcoxonの順位和検定（中央値の違いの検定）

「2つのグループX，Yの母集団の中央値は同じと言えるか？」の検定である．帰無仮説，対立仮説は

H_0：X, Yの母集団の中央値は同じである

H_1：Xの母集団の中央値はYの母集団の中央値より小さい（あるいは，大きい）

である．Xから得られた標本を$\{x_i : i = 1, ..., n_X\}$，Yから得られた標本を$\{y_i : i = 1, ..., n_Y\}$とする．これらの標本をXからの標本もYからの標本もすべて混ぜて，小さい方から順に順位をつけていく．簡単のために，同順位のものはないものとする（**注2-7**）．Xから得られた標本の順位をすべて足し合わせたものをrとする．中央値が同じならば，XもYも前半の順位と後半の順位が同じくらい出てくるはずであり，順位和は中央値の順位の標本数倍くらいになるはずである．中央値の順位は，

$$\frac{n_X + n_Y + 1}{2}$$

であり（$n_X + n_Y$が偶数の場合はこの順位は整数にならないが，期待値・分散を求める上ではかまわない），Xの標本数はn_XであるからXから得られた標本の順位の和の期待値はこの積になる．中央値が同じ場合に，この順位の和の確率変数Rの期待値と分散は以下で計算される．

$$E[R] = \frac{n_X(n_X + n_Y + 1)}{2}$$

$$V[R] = \frac{n_X n_Y (n_X + n_Y + 1)}{12}$$

そこで，この統計量が正規分布に従うと近似し，

$$z = \frac{r - E[R]}{\sqrt{V[R]}}$$

としたときに，αを有意水準として，

$\Phi(z) \leq \alpha$

ならば，帰無仮説を棄却し，X の中央値の方が Y の中央値よりも小さいという対立仮説を採択する．また，

$\Phi(z) \geq 1-\alpha$

ならば，帰無仮説を棄却し，X の中央値の方が Y の中央値よりも大きいという対立仮説を採択する．

表2-4は R の5％点を表している．ただし，上記の R, n_X, n_Y を表ではそれぞれ T, m, n と表記している．

例えば，X, Y からそれぞれ，以下のような標本を得たとする．

X : 1, 3, 6, 8, 11
Y : 7, 9, 12, 16, 18, 21

X の母集団の中央値と Y の母集団の中央値は等しいと言えるだろうか？ 見た感じでは，Y の母集団の中央値の方が大きそうに見える．

まずは，全標本を小さい方から順番に並べてみる．

X : 1　3　　6　　8　　　11
Y : 　　　　　7　　9　　12　16　18　21

X の標本の順位は，1, 2, 3, 5, 7 であるため，$r = 18$.

$$E[R] = \frac{n_X(n_X+n_Y+1)}{2} = \frac{5 \times 12}{2} = 30$$

$$V[R] = \frac{n_X n_Y (n_X+n_Y+1)}{12} = \frac{5 \times 6 \times 12}{12} = 30$$

平均値30, 分散30で18以下になる確率を計算すると

$$\Phi(\frac{18-30}{\sqrt{30}}) = \Phi(-2.19089) = 0.01423 < \alpha = 0.05$$

より，中央値が同じであるという帰無仮説は棄却され，X の母集団の中央値の方が小さいという対立仮説が採択される（**注2-8**）．なお，表2-4を用いると，$m=5$, $n=6$ では，下側20となっていて，$r=18$ の値はこの下限値よりも小さいので，確率0.05未満であることがわかる．

2 統計的検定

表2-4 Wilcoxonの順位和検定のための統計表 (山内 (1977), p.79)

$\underline{T}_\alpha : \Pr[T \leq \underline{T}_\alpha] \leq \alpha$
$\alpha = 0.05$ (下側)

n \ m	1	2	3	4	5	6	7	8	9	10	11	12	13	14	15	16	17	18	19	20
1	—																			
2	—	—																		
3	—	—	6																	
4	—	—	6	11																
5	—	3	7	12	19															
6	—	3	8	13	20	28														
7	—	3	8	14	21	29	39													
8	—	4	9	15	23	31	41	51												
9	—	4	10	16	24	33	43	54	66											
10	—	4	10	17	26	35	45	56	69	82										
11	—	4	11	18	27	37	47	59	72	86	100									
12	—	5	11	19	28	38	49	62	75	89	104	120								
13	—	5	12	20	30	40	52	64	78	92	108	125	142							
14	—	6	13	21	31	42	54	67	81	96	112	129	147	166						
15	—	6	13	22	33	44	56	69	84	99	116	133	152	171	192					
16	—	6	14	24	34	46	58	72	87	103	120	138	156	176	197	219				
17	—	6	15	25	35	47	61	75	90	106	123	142	161	182	203	225	249			
18	—	7	15	26	37	49	63	77	93	110	127	146	166	187	208	231	255	280		
19	1	7	16	27	38	51	65	80	96	113	131	150	171	192	214	237	262	287	313	
20	1	7	17	28	40	53	67	83	99	117	135	155	175	197	220	243	268	294	320	348

$\overline{T}_\alpha : \Pr[T \geq \overline{T}_\alpha] \leq \alpha$
$\alpha = 0.05$ (上側)

n \ m	1	2	3	4	5	6	7	8	9	10	11	12	13	14	15	16	17	18	19	20
1	—																			
2	—	—																		
3	—	—	15																	
4	—	—	18	25																
5	—	13	20	28	36															
6	—	15	22	31	40	50														
7	—	17	25	34	44	55	66													
8	—	18	27	37	47	59	71	85												
9	—	20	29	40	51	63	76	90	105											
10	—	22	32	43	54	67	81	96	111	128										
11	—	24	34	46	58	71	86	101	117	134	153									
12	—	25	37	49	62	76	91	106	123	141	160	180								
13	—	27	39	52	65	80	95	112	129	148	167	187	209							
14	—	28	41	55	69	84	100	117	135	154	174	195	217	240						
15	—	30	44	58	72	88	105	123	141	161	181	203	225	249	273					
16	—	32	46	60	76	92	110	128	147	167	188	210	234	258	283	309				
17	—	34	48	63	80	97	114	133	153	174	196	218	242	266	292	319	346			
18	—	35	51	66	83	101	119	139	159	180	203	226	250	275	302	329	357	386		
19	20	37	53	69	87	105	124	144	165	187	210	234	258	284	311	339	367	397	428	
20	21	39	55	72	90	109	129	149	171	193	217	241	267	293	320	349	378	408	440	472

例4: $m = 15$, $n = 20$ に対する下側5パーセント点は220である. 左の近似式によると,
$$\underline{T}_{0.05} = 0.5 \times 15 \times (15 + 20 + 1) - 1.64485 \times \sqrt{15 \times 20 \times 36/12} = 220.65$$

2-8 ノンパラメトリック検定

注2-7 同順位のものがある場合
　その場合の検定の仕方については，柳川（1982）参照．

注2-8 Mann-Whitney検定
　ここで述べた方法のかわりに，
$$u(x, y) = \begin{cases} 1 & x < y \text{のとき} \\ 0 & x \geq y \text{のとき} \end{cases}$$
という関数を定義すると，
$$U = \sum_{i=1}^{n_X} \sum_{j=1}^{n_Y} u(x_i, y_j) = R - \frac{n_X(n_X+1)}{2}$$
が成り立つ．そこで R のかわりに U を用いて行う検定を Mann-Whitney 検定という．実質的な差異はない．

(3) Spearman の順位相関係数（順序尺度の相関）

「X および Y の 2 つの変数のペアの観測値の順位値 $(x_i, y_i)(i = 1, ..., n)$ が得られたときに，X と Y に相関があると言えるか？」の検定である．x_i, y_i の値は，実際の観測値ではなく，それぞれ，X の値，Y の値の中での順位である．
帰無仮説，対立仮説は，

　　H_0：X, Y 間に相関がない
　　H_1：X, Y 間に正の相関がある（もしくは，負の相関がある）

である．
　まずは，順位値である $(x_i, y_i)(i = 1, ..., n)$ について，普通の相関係数（ピアソンの積率相関係数）r を求める．
$$r = \frac{\sum_{i=1}^{n}(x_i - \overline{x})(y_i - \overline{y})}{\sqrt{\sum_{i=1}^{n}(x_i - \overline{x})^2 \sum_{i=1}^{n}(y_i - \overline{y})^2}}$$
これは，以下のように変形できる（**注2-9**）．
$$r = 1 - \frac{6}{n(n^2-1)} \sum_{i=1}^{n}(x_i - y_i)^2$$
これを，Spearman の順位相関係数という．相関の有意性の検定は，（間隔尺度としての数値でないため）普通の相関係数の場合と同じようには行えない．

2 統計的検定

表 2-5 Spearman の順位相関係数の統計表 (山内 (1977), p.92)

$\underline{d}_\alpha^2 : \Pr[d^2 \leq \underline{d}_\alpha^2] \leq \alpha, \quad r_s = 1 - \dfrac{6d^2}{n(n^2-1)}, \quad d^2 = \Sigma(R_{1i} - R_{2i})^2$

α 片側 (両側) n	.10 (.20)	.05 (.10)	.025 (.050)	.01 (.02)	.005 (.010)
4	0(.0417)	0(.0417)			
5	4(.0667)	2(.0417)	0(.0083)	0(.0083)	
6	12(.0875)	6(.0292)	4(.0167)	2(.0083)	0(.0014)
7	24(.1000)	16(.0440)	14(.0240)	6(.0062)	4(.0034)
8	40(.0983)	30(.0481)	22(.0229)	14(.0077)	10(.0036)
9	62(.0969)	48(.0484)	36(.0216)	26(.0086)	20(.0041)
10	90(.0956)	72(.0481)	58(.0245)	42(.0087)	34(.0044)

Spearman の順位相関係数における $d^2 = \Sigma(R_{1i} - R_{2i})^2$ の下側確率 α のパーセント点 $\underline{d}_\alpha^2$ を与える.かっこ内は正確な下側確率を示している.上側 100α パーセント点は次式で与えられる.

$$\overline{d}_\alpha^2 = \frac{1}{3}(n^3 - n) - \underline{d}_\alpha^2$$

n が大きいとき $\underline{d}_\alpha^2$ は正規近似 $\underline{d}_\alpha^2 = \dfrac{1}{6}(n^3 - n)\left(1 - \dfrac{u_\alpha}{\sqrt{n-1}}\right) + 1$ もしくは自由度 $n-2$ の t 分布のパーセント点 t_α を用いた $\underline{d}_\alpha^2 = \dfrac{1}{6}(n^3 - n)\left(1 - t_\alpha\sqrt{\dfrac{1}{t_\alpha^2 + n - 2}}\right)$ で与えられる.

例 1:$n = 8$ に対して両側 5 パーセント点は,$\underline{d}_{0.025}^2 = 22$ および

$\overline{d}_{0.025}^2 = \dfrac{1}{3}(8^3 - 8) - 22 = 146$ である.

例 2:$n = 10$ のとき下側 5 パーセント点は近似的に

$\underline{d}_{0.05}^2 = \dfrac{1}{6}(10^3 - 10)\left(1 - \dfrac{1.645}{\sqrt{10-1}}\right) + 1 = 75.5$ (表の値は 72)

例 3:$n = 10$ のとき下側 5 パーセント点は近似的に

$\underline{d}_{0.05}^2 = \dfrac{1}{6}(10^3 - 10)\left(1 - 1.860\sqrt{\dfrac{1}{1.860^2 + 10 - 2}}\right) = 74.3$ (表の値は 72)

そこで特別に Spearman の相関係数の有意性の検定表 (**表 2-5**) が用意されている (**注 2-10**).

例えば,X, Y のペアとして,以下の観測値が得られたとする.

  X:12, 19, 28, 48, 59

  Y:15, 30, 21, 69, 85

$n = 5$ となる.まずは,それぞれの順位に置き換えると,以下のようになる.

  X:1, 2, 3, 4, 5

  Y:1, 3, 2, 4, 5

2-8 ノンパラメトリック検定

だいぶ，順位はそろっているように見える．順位相関係数を実際に計算してみる．

$$d^2 \equiv \sum_{i=1}^{n}(x_i - y_i)^2 = 0+1+1+0+0 = 2$$

$$r = 1 - \frac{6}{n(n^2-1)}\sum_{i=1}^{n}(x_i - y_i)^2 = 1 - \frac{6}{5\times 24}2 = 0.9$$

Spearman の順位相関係数の統計表には，相関係数の値自体ではなく，順位の差の二乗の合計値 d^2 で示されていることが多い．その臨界値 $d^{2*}(n, \alpha)$ を調べる（表2-5の $n=5$，$\alpha = 0.05$ の値）と，以下のように検定できる．

$$d^2 \leq d^{2*}(5, 0.05) = 2$$

これにより，H_0 は棄却され，正の相関があるという対立仮説が採択される．

注2-9　Spearman の順位相関係数の導出

以下のように計算できる．まず，x_i も y_i も順位なので $1\sim n$ の値となる．そのため，

$$\bar{x} = \bar{y} = \frac{1}{n}\sum_{i=1}^{n} i = \frac{1}{n}\frac{n(n+1)}{2} = \frac{n+1}{2}$$

となる．また，

$$\sum_{i=1}^{n}(x_i-\bar{x})^2 = \sum_{i=1}^{n}(y_i-\bar{y})^2 = \sum_{i=1}^{n}(i-\frac{n+1}{2})^2 = \frac{n(n+1)(n-1)}{12} = \frac{n(n^2-1)}{12}$$

となる．すると，

$$r = \frac{\sum_{i=1}^{n}(x_i-\bar{x})(y_i-\bar{y})}{\sqrt{\sum_{i=1}^{n}(x_i-\bar{x})^2 \sum_{i=1}^{n}(y_i-\bar{y})^2}}$$

$$= \frac{\sum_{i=1}^{n}\left(x_i-\frac{n+1}{2}\right)\left(y_i-\frac{n+1}{2}\right)}{\frac{n(n^2-1)}{12}} = \frac{12}{n(n^2-1)}\sum_{i=1}^{n}\left(x_i-\frac{n+1}{2}\right)\left(y_i-\frac{n+1}{2}\right)$$

$$= \frac{12}{n(n^2-1)}\sum_{i=1}^{n}\left\{x_i y_i - \frac{n+1}{2}x_i - \frac{n+1}{2}y_i + \frac{(n+1)^2}{4}\right\}$$

$$= \frac{12}{n(n^2-1)}\sum_{i=1}^{n}x_i y_i - 2\frac{12}{n(n^2-1)}\frac{n+1}{2}\frac{n(n+1)}{2} + \frac{12}{n(n^2-1)}\frac{(n+1)^2}{4}n$$

$$= \frac{12}{n(n^2-1)} \sum_{i=1}^{n} x_i y_i - \frac{6(n+1)}{n-1} + \frac{3(n+1)}{n-1}$$

$$= \frac{12}{n(n^2-1)} \sum_{i=1}^{n} x_i y_i - \frac{3(n+1)}{n-1}$$

ところで,

$$1 - \frac{6}{n(n^2-1)} \sum_{i=1}^{n} (x_i - y_i)^2 = 1 - \frac{6}{n(n^2-1)} \sum_{i=1}^{n} (x_i^2 + y_i^2 - 2x_i y_i)$$

$$= 1 - \frac{6}{n(n^2-1)} \left(\sum_{i=1}^{n} x_i^2 + \sum_{i=1}^{n} y_i^2 \right) + \frac{6}{n(n^2-1)} 2 \sum_{i=1}^{n} x_i y_i$$

$$= 1 - \frac{6}{n(n^2-1)} 2 \frac{n(n+1)(2n+1)}{6} + \frac{12}{n(n^2-1)} \sum_{i=1}^{n} x_i y_i$$

$$= 1 - \frac{4n+2}{n-1} + \frac{12}{n(n^2-1)} \sum_{i=1}^{n} x_i y_i = \frac{n-1-4n-2}{n-1} + \frac{12}{n(n^2-1)} \sum_{i=1}^{n} x_i y_i$$

$$= -\frac{3(n+1)}{n-1} + \frac{12}{n(n^2-1)} \sum_{i=1}^{n} x_i y_i$$

となり,一致することがわかる.

注 2-10　Kendall の順位相関係数

順位相関係数では,Kendall の順位相関係数も有名である.まず,$\{x_i : i = 1, \ldots, n\}$ は大きさの順に並んでいるとする.それに対応する $\{y_i : i = 1, \ldots, n\}$ がどのくらい順位が似ているかを考える.そこで,

$$u(a, b) = \begin{cases} 1 & a < b \text{のとき} \\ 0 & a \geq b \text{のとき} \end{cases}$$

という関数を定義する.以下では,簡単のために同順位が存在しないものとする.以下の統計量を考える.

$$\tau = \frac{2}{n(n-1)} \left[\sum_{1 \leq i < j \leq n} u(y_i, y_j) - \sum_{1 \leq i < j \leq n} u(y_j, y_i) \right]$$

$$= \frac{4 \sum_{1 \leq i < j \leq n} u(y_i, y_j)}{n(n-1)} - 1$$

この統計量は,大きさの順が完全に一致する場合は $\tau = 1$,大きさの順が全く逆の場合は $\tau = -1$ となる.この統計量が Kendall の順位相関係数である.なお,同順位値がある場合は以下のように τ を補正する.

$$\tau = \frac{\sum_{1\leq i<j\leq n} u(y_i, y_j) - \sum_{1\leq i<j\leq n} u(y_j, y_i)}{\sqrt{\left[\frac{n(n-1)}{2} - T_x\right]\left[\frac{n(n-1)}{2} - T_y\right]}}$$

ただし,

$T_x = \Sigma t_x(t_x-1)/2$ $t_x = x$ の同一値の組それぞれについてその要素数

$T_y = \Sigma t_y(t_y-1)/2$ $t_y = y$ の同一値の組それぞれについてその要素数

表 2-6 では,

$$S = \sum_{1\leq i<j\leq n} u(y_i, y_j) - \sum_{1\leq i<j\leq n} u(y_j, y_i)$$

の値に関して,有意点を示している.上の X, Y のペアの例では,$S = 9-1 = 8$ となるが,表の $n = 5, \alpha = 0.05$ では 8 という値であり,ちょうど一致している.8 以上では有意となるので,この場合は,有意な正の相関があるということになる.

(4) 連検定（無作為性の検定）

無作為性の検定とは,サンプリングがちゃんとランダムに行われているかどうかの検定である.すなわち,「数字列は無作為抽出の標本と考えられるだろうか？」を検定する.ランダムに抽出されているならば,大きい値も小さい値も同じような確率で出てくるはずである.この特徴を分析に用いる.

まず,標本の数字列を 2 つに分ける値（例えば中央値）よりも大きい値を＋,小さい値を－とする.簡単のために,必ず,＋か－に分かれているものとする.この場合,＋（－）が続きすぎるのもおかしいし,入れ替わりすぎるのもおかしい.そこで,＋や－がどのくらい続くかに着目する.＋の数を n_1,－の数を n_2 とする.＋もしくは－の 1 個以上の連続した連なりを連という.その数を r とする.

r が大きい場合（＋－が頻繁に変わる）や小さい場合（連が長く続く）は無作為とは言い難い.r の上限と下限の臨界値が数表となっており,それで検定ができる.

また,n_1, n_2 が大きい場合は次のように正規近似して検定すればよい.

$$E[R] = \frac{2n_1 n_2}{n_1 + n_2} + 1$$

表 2-6 Kendall の順位相関係数の統計表（山内（1977），p.92）

$\bar{S}_\alpha : \Pr[S \geq S_\alpha] \leq \alpha, \quad r_\kappa = \dfrac{2S}{n(n-1)}$

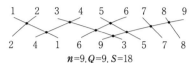

$n=9, Q=9, S=18$

α 片側 n（両側）	.005 (.010)	.01 (.02)	.025 (.05)	.05 (.10)	.10 (.20)
4				6(.0417)	6(.0417)
5		10(.0083)	10(.0083)	8(.0417)	8(.0417)
6	15(.0014)	13(.0083)	13(.0083)	11(.0278)	9(.0681)
7	19(.0014)	17(.0054)	15(.0151)	13(.0345)	11(.0681)
8	22(.0028)	20(.0071)	18(.0156)	16(.0305)	12(.0894)
9	26(.0029)	24(.0063)	20(.0223)	18(.0376)	14(.0901)
10	29(.0046)	27(.0083)	23(.0233)	21(.0363)	17(.0779)
11	33(.0050)	31(.0083)	27(.0203)	23(.0433)	19(.0823)
12	38(.0044)	36(.0069)	30(.0224)	26(.0432)	20(.0985)
13	44(.0033)	40(.0075)	34(.0211)	28(.0500)	24(.0817)
14	47(.0049)	43(.0096)	37(.0236)	33(.0397)	25(.0963)
15	53(.0041)	49(.0078)	41(.0231)	35(.0463)	29(.0843)
16	58(.0043)	52(.0099)	46(.0206)	38(.0480)	30(.0975)
17	64(.0040)	58(.0086)	50(.0211)	42(.0457)	34(.0883)
18	69(.0043)	63(.0086)	53(.0239)	45(.0479)	37(.0876)
19	75(.0041)	67(.0097)	57(.0245)	49(.0466)	39(.0931)
20	80(.0045)	72(.0099)	62(.0234)	52(.0492)	42(.0929)

Kendallの順位相関係数におけるSの上側パーセント点$\bar{S}_\alpha$を与える．すなわち$\Pr[S \geq \bar{S}_\alpha] \leq \alpha$をみたす最小の$\bar{S}_\alpha$を与える表である．かっこ内はそれに対応する正確な上側確率である．下側パーセント点は$\underline{S}_\alpha = -\bar{S}_\alpha$である．$n$が大きいとき次の近似式を利用できる．

$$\bar{S}_\alpha = \mu_\alpha \sqrt{\frac{1}{18}n(n-1)(2n+5)}$$

例1：$n=8$のとき，上側5パーセント点は16であり，対応する正確な上側確率は0.0305である．

例2：$n=20$のときの上側5パーセント点は近似的に
$$\bar{S}_{0.05} = 1.645 \times \sqrt{\frac{1}{18} \times 20 \times (20-1) \times (2 \times 20+5)} = 50.7 \quad （表の値は52）$$

例3：$n=18$のときの下側5パーセント点は-45である．近似式では
$$-1.645 \times \sqrt{\frac{1}{18} \times 18 \times 17 \times (2 \times 18+5)} = -43.4$$

2-8 ノンパラメトリック検定

表2-7 連検定のための統計表（山内（1977），p.82）

$\overline{r}_\alpha : \Pr[r \geqq r_\alpha] \leqq \alpha$（上側）
$\underline{r}_\alpha : \Pr[r \leqq \underline{r}_\alpha] \leqq \alpha$（下側）

<u>AAAAA</u> <u>BB</u> <u>A</u> <u>BB</u> <u>AA</u> <u>BBB</u> <u>AA</u> <u>BBB</u>
$m=8, n=8$　　連の数＝8

m	n	α	$\underline{r}_\alpha$（下側）				$\overline{r}_\alpha$（上側）			
			.005	.01	.025	.05	.05	.025	.01	.005
8	8		3	4	4	5	13	14	14	15
	9		3	4	4	5	14	14	15	15
	10		4	4	5	6	14	15	15	16
	11		4	5	5	6	15	15	16	16
	12		4	5	6	6	15	16	16	17
	13		4	5	6	6	15	16	17	17
	14		5	5	6	7	15	16	17	17
	15		5	5	6	7	16	16	17	—
	16		5	6	6	7	16	17	17	—
	17		5	6	7	7	16	17	—	—
	18		6	6	7	8	16	17	—	—
	19		6	6	7	8	17	17	—	—
	20		6	6	7	8	17	17	—	—
9	9		4	4	5	6	14	15	16	16
	10		4	5	5	6	15	16	16	17
	11		5	5	6	6	15	16	17	17
	12		5	5	6	7	16	16	17	18
	13		5	6	6	7	16	17	17	18
	14		5	6	7	7	17	17	18	18
	15		6	6	7	7	17	18	18	19
	16		6	6	7	8	17	18	18	19
	17		6	7	7	8	17	18	19	19
	18		6	7	8	8	18	18	19	—
	19		6	7	8	9	18	19	19	—
	20		7	7	8	9	18	19	—	—
10	10		5	5	6	6	16	16	17	17
	11		5	5	6	7	17	17	18	18
	12		5	6	7	7	17	17	18	19
	13		6	6	7	8	17	18	19	19
	14		6	6	7	8	18	18	19	19
	15		6	7	8	8	18	19	19	20
	16		7	7	8	9	18	19	20	20
	17		7	7	8	9	19	19	20	20
	18		7	8	9	9	19	20	20	21
	19		7	8	9	10	19	20	20	21
	20		7	8	9	10	19	20	21	21
11	11		5	6	7	7	17	17	18	19
	12		6	7	7	8	17	18	19	19
	13		6	7	7	8	18	19	19	20
	14		7	7	8	9	18	19	20	20
	15		7	7	8	9	19	20	20	21
	16		7	8	9	9	19	20	21	21
	17		7	8	9	10	19	20	21	22
	18		8	8	9	10	20	21	21	22
	19		8	9	10	10	20	21	22	22
	20		8	9	10	11	20	21	22	22
12	12		6	7	7	8	18	19	19	20
	13		6	7	8	9	18	19	20	21
	14		7	7	8	9	19	20	20	21
	15		7	8	8	9	19	20	21	22
	16		7	8	9	10	20	21	21	22
	17		8	8	9	10	20	21	22	22
	18		8	9	9	10	21	21	22	23
	19		8	9	10	10	21	22	22	23
	20		8	9	10	11	21	22	23	23
13	13		7	8	9	9	19	20	21	21
	14		7	8	9	10	20	20	21	22
	15		7	8	9	10	20	21	22	22
	16		8	9	9	10	21	21	22	23
	17		8	9	10	10	21	22	23	23
	18		8	9	10	11	21	22	23	24
	19		9	9	10	11	22	23	23	24
	20		9	10	10	11	22	23	24	24
14	14		7	8	9	10	20	21	22	22
	15		8	8	9	10	21	22	22	23
	16		8	9	10	11	21	22	23	24
	17		8	9	10	11	22	23	23	24
	18		9	9	10	11	22	23	24	24
	19		9	10	11	12	22	23	24	25
	20		9	10	11	12	23	24	24	25
15	15		8	9	10	11	21	22	23	24
	16		9	9	10	11	22	23	24	24
	17		9	10	11	11	23	23	24	24
	18		9	10	11	12	23	24	24	25
	19		9	10	11	12	23	24	25	26
	20		10	11	12	12	24	25	25	26
16	16		9	10	11	11	23	23	24	25
	17		9	10	11	12	23	24	25	26
	18		10	10	11	12	24	25	25	26
	19		10	11	12	13	24	25	26	27
	20		10	11	12	13	25	26	26	27
17	17		10	10	11	12	24	25	26	26
	18		10	11	12	13	24	25	26	27
	19		10	11	12	13	25	26	27	27
	20		11	11	13	13	25	26	27	28
18	18		11	11	12	13	25	26	27	27
	19		11	12	13	14	25	26	27	28
	20		11	12	13	14	26	27	28	29
19	19		11	12	13	14	26	27	28	29
	20		11	12	13	14	26	27	28	29
20	20		12	13	14	15	27	28	29	30

連の数による検定において，上側確率が α 以下になる最小の点 $\overline{r}_\alpha$ と，下側確率が α 以下になる最大の $\underline{r}_\alpha$ を与える．m, n が大きいとき，$\overline{r}_\alpha, \underline{r}_\alpha$ は近似的に次式で与えられる．

$$\overline{r}_\alpha, \underline{r}_\alpha = \frac{2mn}{m+n}+1 \pm u_\alpha\sqrt{\frac{2mn(2mn-m-n)}{(m+n)^2(m+n-1)}}$$

例1：$m=19, n=20$ に対する下側5パーセント点は14である．近似式によると

$$\underline{r}_{0.05} = \frac{2\times19\times20}{19+20}+1-1.645\sqrt{\frac{2\times19\times20\times(2\times19\times20-19-20)}{(19+20)^2(19+20-1)}} = 15.42 \text{ である}$$

$$V[R] = \frac{2n_1n_2(2n_1n_2-n_1-n_2)}{(n_1+n_2)^2(n_1+n_2-1)}$$

連の確率変数 R は，正規分布 $N(E[R], V[R])$ に近似的に従う．

例えば，以下のようなサンプルを得たとする．

```
2  5  1  6  2 -1 -5  2 -3 -1  6  3 -2 -1 -3  4  2 -1 -1 -5
                              ↓
+  +  +  +  +  -  -  +  -  -  +  +  -  -  -  +  +  -  -  -
連         1|   2| 3|    4|   5|      6|     7|        8|
```

この場合，連の数は $r=8$ であり，$n_1=5+1+2+2=10$, $n_2=2+2+3+3=10$ である．連検定の数表（**表2-7** の $m=n=10$ の欄．ちなみに，表では n_1 を m，n_2 を n と表記している．）によれば，下限と上限の臨界値は，（有意水準 $\alpha = 0.05$ として）

$$r^*(10, 10, \alpha) = 6, \ r^{**}(10, 10, \alpha) = 16$$

であり，

$$r^* < r < r^{**}$$

なので，上記の例では，帰無仮説 H_0:「無作為サンプリングである」は棄却されない．

(5) Siegel-Tukey 検定（ばらつき度の違いの検定）

分散の違いを検定する F 検定のように，母集団の分布のばらつき方に違いがあるかどうかを検定したい場合に，Siegel-Tukey 検定がある．

「2つのグループ X, Y の母集団のばらつきは同じと言えるか？」の検定である．帰無仮説，対立仮説は

H_0：X, Y の母集団のばらつきは同じである

H_1：X の母集団のばらつきは Y の母集団のばらつきより小さい（あるいは，大きい）

である．X から得られた標本を $\{x_i : i=1, ..., n_X\}$，Y から得られた標本を $\{y_i : i=1, ..., n_Y\}$ とする．以下では，X, Y の母平均は等しいものと仮定する．著しく異なる場合は，ちょうど，標本平均が同じになるように，合わせれば良い．

これらの標本を X からの標本も Y からの標本もすべて混ぜて小さい順に並べ，外側から順に以下のように順位をつける．

　　1　4　5　8　......　7　6　3　2

これで順位和検定を行えばよい．

例えば，X および Y から以下のような標本を得たとする．

　　　　$X : 1, 2, 5, 9, 15, 21$

　　　　$Y : 4, 8, 10, 11, 12, 16$

帰無仮説は，「H_0：ばらつきは同じ」である．

まずは，外側から順位付けを行う．

```
        X  X  Y  X  Y  X  Y  Y  Y  X  Y  X
        +--+--+--+--+--+--+--+--+--+--+--+
標本    1  2  4  5  8  9  10 11 12 15 16 21
順位    1  4  5  8  9  12 11 10 7  6  3  2
```

それぞれの順位は，

　　　　$X : 1, 4, 8, 12, 6, 2$

　　　　$Y : 5, 9, 11, 10, 7, 3$

となる．X からの標本の数 $n_1 = 6$，Y からの標本の数 $n_2 = 6$，X からの標本の順位和は，$r = 33$ となる．順位和検定の下限値と上限値を表 2-4 で調べると，

　　　　$R^*(6, 6, \alpha) = 28, \ R^{**}(6, 6, \alpha) = 50$

であり，$R^* < r < R^{**}$ であるため，帰無仮説 H_0 は棄却されない．すなわち，上の例では，X と Y にばらつきの違いがあるとは言えないことになる．

(6) Kolmogorov-Smirnov 検定（分布の適合度の検定）

カイ二乗検定のように分布の違いの検定もノンパラメトリック検定で用意されている．

「2つの母集団 X と Y から無作為に標本をとったところ，

　　　　$X : x_1, x_2, \dots, x_m$

　　　　$Y : y_1, y_2, \dots, y_n$

となった．この2つの母集団の分布は同じと言えるか？」

2 統計的検定

表 2-8　Kolmogorov-Smirnov 検定のための統計表（柳川（1982），pp.249-250）

付表 I-1　Kolmogorov-Smilnov 検定のための右スソの確率

$$P_0\{D_{n,n} \geq \alpha/n\}$$

α \ n	1	2	3	4	5	6
1	1	1	1	1	1	1
2		0.3333	0.6000	0.7714	0.8730	0.9307
3			0.1000	0.2286	0.3571	0.4740
4				0.0286	0.0794	0.1429
5					0.0079	0.0260
6						0.0022

α \ n	7	8	9	10	11	12
1	1	1	1	1	1	1
2	0.9627	0.9801	0.9895	0.9945	0.9971	0.9985
3	0.5752	0.6601	0.7301	0.7869	0.8326	0.8690
4	0.2121	0.2827	0.3517	0.4175	0.4792	0.5361
5	0.0530	0.0870	0.1259	0.1678	0.2115	0.2558
6	0.0082	0.0186	0.0336	0.0524	0.0747	0.0995
7	0.0006	0.0025	0.0063	0.0123	0.0207	0.0314
8		0.0002	0.0007	0.0021	0.0044	0.0079
9			0.0000	0.0002	0.0007	0.0015
10				0.0000	0.0001	0.0002
11					0.0000	0.0000

α \ n	13	14	15	16	17	18
1	1	1	1	1	1	1
2	0.9992	0.9996	0.9998	0.9999	0.9999	1.0000
3	0.8978	0.9205	0.9383	0.9523	0.9631	0.9715
4	0.5882	0.6355	0.6781	0.7164	0.7506	0.7810
5	0.2999	0.3433	0.3855	0.4263	0.4654	0.5026
6	0.1265	0.1549	0.1844	0.2145	0.2450	0.2754
7	0.0443	0.0590	0.0755	0.0933	0.1124	0.1324
8	0.0126	0.0188	0.0262	0.0350	0.0450	0.0560
9	0.0029	0.0049	0.0077	0.0112	0.0156	0.0207
10	0.0005	0.0010	0.0018	0.0030	0.0046	0.0067
11	0.0001	0.0002	0.0004	0.0007	0.0012	0.0018
12	0.0000	0.0000	0.0001	0.0001	0.0002	0.0004
13			0.0000	0.0000	0.0000	0.0001
14						0.0000

2-8 ノンパラメトリック検定

表2-8 （続き）

付表 I-1　Kolmogorov-Smilnov 検定のための右スソの確率
$P_0\{D_{n,n} \geq a/n\}$ （前ページからのつづき）

α \ n	19	20	21	22	23	24
1	1	1	1	1	1	1
2	1.0000	1.0000	1.0000	1.0000	1.0000	1.0000
3	0.9781	0.9831	0.9870	0.9901	0.9924	0.9942
4	0.8081	0.8320	0.8531	0.8717	0.8880	0.9024
5	0.5379	0.5713	0.6028	0.6324	0.6601	0.6860
6	0.3057	0.3356	0.3650	0.3937	0.4218	0.4490
7	0.1532	0.1745	0.1963	0.2184	0.2406	0.2628
8	0.0681	0.0811	0.0948	0.1093	0.1243	0.1398
9	0.0267	0.0335	0.0411	0.0493	0.0583	0.0678
10	0.0092	0.0123	0.0159	0.0200	0.0247	0.0299
11	0.0028	0.0040	0.0055	0.0073	0.0095	0.0120
12	0.0007	0.0011	0.0017	0.0024	0.0032	0.0043
13	0.0002	0.0003	0.0004	0.0007	0.0010	0.0014
14	0.0000	0.0001	0.0001	0.0002	0.0003	0.0004
15		0.0000	0.0000	0.0000	0.0001	0.0001
16					0.0000	0.0000

α \ n	25	26	27	28	29	30
1	1	1	1	1	1	1
2	1.0000	1.0000	1.0000	1.0000	1.0000	1.0000
3	0.9955	0.9966	0.9974	0.9980	0.9985	0.9988
4	0.9150	0.9260	0.9357	0.9441	0.9514	0.9578
5	0.7102	0.7327	0.7537	0.7732	0.7912	0.8080
6	0.4755	0.5010	0.5256	0.5494	0.5722	0.5941
7	0.2850	0.3071	0.3290	0.3506	0.3720	0.3929
8	0.1558	0.1720	0.1886	0.2053	0.2221	0.2391
9	0.0779	0.0885	0.0996	0.1110	0.1229	0.1350
10	0.0356	0.0418	0.0484	0.0555	0.0630	0.0709
11	0.0148	0.0181	0.0217	0.0256	0.0299	0.0346
12	0.0056	0.0071	0.0089	0.0109	0.0131	0.0156
13	0.0019	0.0026	0.0033	0.0043	0.0053	0.0065
14	0.0006	0.0008	0.0011	0.0015	0.0020	0.0025
15	0.0002	0.0002	0.0004	0.0005	0.0007	0.0009
16	0.0000	0.0001	0.0001	0.0001	0.0002	0.0003
17		0.0000	0.0000	0.0000	0.0001	0.0001
18				0.0000	0.0000	0.0000

2 統計的検定

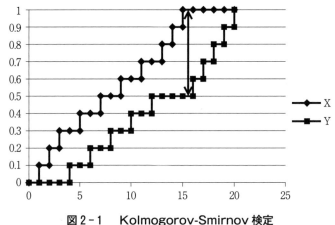

図2-1 Kolmogorov-Smirnov 検定

を検定したい．そのための方法として，Kolmogorov-Smirnov 検定がある．

まずは，それぞれの標本累積分布を求める．

$F_m(x) = [x 以下の \{x_1, x_2, ..., x_m\} の数]/m$

$G_n(y) = [y 以下の \{y_1, y_2, ..., y_n\} の数]/n$

これは階段状の関数となる．

2つのもとの分布が等しいならば，この2つはさほど大きな違いがないはずである．そこで，その最大差 $D_{m,n}$ を求める．

$D_{m,n} = \sup_x |F_m(x) - G_n(x)|$

2つの母集団の累積分布関数が等しいという帰無仮説のもとで，$D_{m,n}$ に応じた確率値が統計表として示されている（**表2-8**，この表では $m = n$ の場合について示されている）．

例えば，

X：1, 2, 3, 5, 7, 9, 11, 13, 14, 15

Y：4, 6, 8, 10, 12, 16, 17, 18, 19, 20

という標本を得たときに，XとYの母集団は同じ分布と言えるだろうか？
実際に，累積分布を見ると，矢印のところの差が最大である（**図2-1**）．つまり，

$D_{10,10} = 5/10$（値が15〜16のところ）

0.5以上の差が生じる確率は，表2-8（$n=10, a=5$の値）から
$$\Pr[D_{10,10} \geq 5/10] = 0.1678$$
となり，有意水準0.05より大きな確率になっているので，まれな現象とは言えない．よって，帰無仮説を棄却できない．つまり，2つの母集団の分布が違うとは言い切れない．

(7) その他の検定

その他に，比較的よく使われる検定としては，Kruskal-Wallis 検定，Jonckheere 検定，Friedman 検定，Page 検定，芳賀の検定などがある．これらについては，例えば，柳川（1982）参照（**注2-11**）．

注2-11 その他のノンパラメトリック検定
① Kruskal-Wallis 検定（一元配置の検定）
　H_0：グループ間の中央値の差がない
全ての数値に順位をつけ，各グループの平均順位を求める．この値で検定する．
② Jonckheere 検定（一元配置の検定）
　X = $(x_{ij} : i=1,...,I, j=1,...,n_i)$
　　　H_0：グループ間の中央値の差がない（$\theta_1 = \cdots = \theta_I$）
　　　H_1：$\theta_1 \leq \cdots \leq \theta_I$
$x_{ik} < x_{jm}$をみたす(k,m)の組の数をw_{ij}とする
$$J = \sum_{i=1}^{I-1} \sum_{j=i+1}^{I} w_{ij}$$
この数値を用いて検定する．
③ Friedman 検定（二元配置の分析）
　X = $(x_{ij} : i=1,...,I, j=1,...,J)$
　　　H_0：Xのグループ間の中央値の差がない（$\theta_1 = \cdots = \theta_I$）
各グループで順位をつける．その各グループでの和を$R_j (j=1,...J)$とする．この値を用いて検定する．
④ Page 検定（二元配置の分析）
　X = $(x_{ij} : i=1,...,I, j=1,...,J)$とする．
　　　H_0：Xのグループ間の中央値の差がない（$\theta_1 = \cdots = \theta_I$）
　　　H_1：$\theta_1 \leq \cdots \leq \theta_I$

$$L = \sum_{j=1}^{J} jR_j$$

という統計量で検定する.

⑤芳賀の検定（ずれの検定）

X, Y の母集団から，以下の標本を得たとする

$X : x_1, \cdots, x_m$

$Y : y_1, \cdots, y_n$

帰無仮説は

H_0：X と Y にずれがない.

このとき,

$\max x_i$ よりも大きい y_j の個数を a

$\min x_i$ よりも小さい y_j の個数を b

$\max y_j$ よりも大きい x_i の個数を a'

$\min y_j$ よりも小さい x_i の個数を b'

とする. $H = a - a' - b + b'$ という統計量で検定する.

補遺 統計学関連の参考書

統計学関連の参考書は数多く出版されている. 筆者の経験では，統計学は 3 回くらい少しずつ難度をあげて習わないとわかった気がしない. 無理にレベルを上げた本を読んでも，嫌悪感が高まるばかりである. 統計学の勉強は「ゆっくりと着実に」が肝要である.

まず，初学者用の参考書としては，大村（2002），大村（2006）を勧める. 次の段階としては，大学の学部レベルの参考書として，蓑谷（2009），Hoel（1966），林（1973），東京大学教養学部統計学教室（1991，1992，1994），岡本（2006）などがある. 大学院レベルの参考書としては，Feller（1968），Feller（1971），Rohatgi（1976），竹内（1963），柳川（1982）などがある.

参考文献

Feller, W. (1968) *An Introduction to Probability Theory and Its Applications, Volume I* (3rd ed.), John Wiley & Sons.

Feller, W. (1971) *An Introduction to Probability Theory and Its Applications, Volume II* (2nd ed.), John Wiley & Sons.

林周二（1973）『統計学講義』（第 2 版）丸善.

Hoel, P.G. (1966) *Elementary Statistics*, (2nd ed.) John Wiley & Sons.（訳）『初等統計学』培風館（訳：浅井・村上）

蓑谷千凰彦（2009）『これからはじめる統計学』東京図書.

大村平（2002）『統計のはなし』改訂版, 日科技連.

大村平（2006）『統計解析のはなし』改訂版, 日科技連.

岡本安晴（2006）『計量心理学：心の科学的表現をめざして』培風館.

Rohatgi, V.K. (1976) *An Introduction to Probability Theory and Mathematical Statistics*, John Wiley and Sons.

竹内啓（1963）『数理統計学』東洋経済新報社.

竹内啓, 大橋靖雄（1981）「統計的推測―2標本問題」『数学セミナー増刊, 入門現代の数学[11]』日本評論社.

東京大学教養学部統計学教室（編）（1991）『統計学入門』基礎統計学Ⅰ, 東京大学出版会.

東京大学教養学部統計学教室（編）（1992）『自然科学の統計学』東京大学出版会.

東京大学教養学部統計学教室（編）（1994）『人文・社会科学の統計学』東京大学出版会.

上田太一郎（1997）「相関があるかを見つける簡便法」『オペレーションズ・リサーチ』1997年7月号, 493-496.

山内二郎（編）（1977）『簡約統計数値表』日本規格協会.

柳川堯（1982）『ノンパラメトリック法』培風館.

3 社会調査法

3-1 都市情報の取得

都市の状況について調べることは,都市工学の基本である.その調査したい内容は,分析目的に依存するものの,物的状況,人や世帯の状況,活動状況,歴史的な状況,社会制度の状況など多岐にわたる可能性がある.

都市情報を調べる上で,一つの方法は既存の調査データなどを利用するものである.利用できる可能性のある情報は多い.

①統計情報……国勢調査,住宅・土地統計調査など
②地図情報……地形図,施設配置図,土地利用図など
③書誌情報……古文書,調査報告書など
④Web情報……Webサイトにある情報,取得は簡易だが信頼性に注意が必要
⑤調査資料……他人が行ったアンケート調査など

もう一つの方法は,自分で調べるものである.自分で調べるとは言っても,本当に自分で調べる方法と,人に調べてもらう方法がある.前者は,アンケート調査,ヒアリング調査,観察調査などを自らが行うものであり,後者は調査代行業者に依頼するものである.調査の目的と予算の制約を考えて,適切な方法を取ることが必要となる.

3-2 公的統計調査

情報として信頼され,また,頻繁に使われるものに公的な統計調査がある.

特に，国が行う調査は，統計法に位置付けられている．その中でも最も重要な統計は，**基幹統計**と呼ばれる．基幹統計には，内閣府が行う国民経済計算（これは，他調査から加工して作成した統計である），総務省が行う国勢調査，住宅・土地統計調査，家計調査，全国消費実態統計，経済構造統計（事業所・企業統計調査を含む），産業連関表（これは加工統計である），厚生労働省が行う人口動態調査，生命表（これは加工統計である），経済産業省が行う工業統計調査，商業統計，国土交通省が行う建築着工統計などがある（**注3-1**）．国勢調査と住宅・土地統計調査を紹介する．

(1) 国勢調査

国勢調査は人口の状況を調査する悉皆調査（全員を調べる調査）で，1920年よりほぼ5年ごとに実施されている．10年ごとに大規模調査が行われ，中間年は簡易調査（調査項目が少ない）となっている．

平成22年（2010年）に行われた国勢調査の調査事項は，以下のとおりである（**注3-2**）．

世帯員に関する事項

(1)氏名／(2)男女の別／(3)出生の年月／(4)世帯主との続き柄／(5)配偶の関係／(6)国籍／(7)現住居での居住期間／(8)5年前の住居の所在地／(9)教育／(10)就業状態／(11)所属の事業所の名称及び事業の種類／(12)仕事の種類／(13)従業上の地位／(14)従業地又は通学地／(15)利用交通手段

世帯に関する事項

(1)世帯の種類／(2)世帯員の数／(3)住居の種類／(4)住宅の床面積／(5)住宅の建て方

(2) 住宅・土地統計調査

住宅・土地統計調査は，住戸に関する実態，現住居以外の住宅及び土地の保有状況，その他の住宅等に居住している世帯に関する実態を調査するものである．1948年以来，5年ごとに実施してきている（**注3-3**）．

平成25年（2013年）の調査項目は以下のとおりである．

①住宅等に関する事項（居住室の数・広さ／所有関係／敷地面積／敷地の所有

関係)
②住宅に関する事項(構造/腐朽・破損の有無/階数/建て方/種類/建物内総住宅数/建築時期/床面積/建築面積/家賃・間代/設備/増改築・改修工事/世帯の存しない住宅)
③世帯に関する事項(世帯主又は世帯の代表者/種類/構成/年間収入)
④家計を主に支える世帯員又は世帯主に関する事項(従業上の地位/通勤時間/東日本大震災による転居/現住居に入居した時期/前住居に関する事項/子に関する事項)
⑤住環境に関する事項
⑥現住居以外の住宅及び土地に関する事項(所有関係/所在地/面積/利用)

基幹統計以外の公的な調査としては,例えば,以下がある.
国土交通省地価公示・都道府県地価調査: 地価公示法に基づき,土地鑑定委員会が毎年1月1日時点の標準値の正常な価格を3月に公示する.平成25年で26,000地点である.詳しくは,http://tochi.mlit.go.jp/kakaku/chikakouji-kakaku 参照.
道路交通センサス: 5年ごとに全国一斉に自動車の利用実態アンケートしたもの.詳しくは,http://www.mlit.go.jp/road/h22census/index.html 参照.
都市計画基礎調査: 都市計画法第6条に基づいて,地方自治体が調査するもの.詳しくは,https://www.mlit.go.jp/toshi/tosiko/kisotyousa.html 参照.
都市計画基礎調査で収集するデータ項目は,**表3-1**のとおりである.

注3-1 詳しくは,http://www.stat.go.jp/index/seido/1-3k.htm を参照されたい.
注3-2 詳しくは,http://www.stat.go.jp/data/kokusei/2010/index.htm を参照されたい.
注3-3 詳しくは,http://www.stat.go.jp/data/jyutaku/index.htm を参照されたい.

3 社会調査法

表 3-1 都市計画基礎調査の収集データ項目

分類	データ項目
人口	人口規模 DID 将来人口 人口増減 通勤・通学移動 昼間人口
産業	産業・職業分類別就業者数 事業所数・従業者数・売上金額
土地利用	区域区分の状況 土地利用現況 国公有地の状況 宅地開発状況 農地転用状況 林地転用状況 新築動向 条例・協定 農林漁業関係施策適用状況
建物	建物利用現況 大規模小売店舗等の立地状況 住宅の所有関係別・建て方別世帯数
都市施設	都市施設の位置・内容等 道路の状況
交通	主要な幹線の断面交通量・混雑度・旅行速度 自動車流動量 鉄道・路面電車等の状況 バスの状況
地価	地価の状況
自然的環境等	地形・水系・地質条件 気象状況 緑の状況 レクリエーション施設の状況 動植物調査
公害及び災害	災害の発生状況 防災拠点・避難場所 公害の発生状況
景観・歴史資源等	観光の状況 景観・歴史資源等の状況

3-3　準公共・民間の統計資料

準公共的な機関や民間機関が収集する統計資料も多い．例えば，以下のようなものがある．

①都市再生機構の行う入居者調査，賃貸住宅退去者調査，賃貸住宅居住者定期調査

②住宅金融支援機構の調査の行う民間住宅ローン利用者の実態調査，住宅の住まい方に関する意識調査，フラット35利用者調査，全国住宅市場調査，住宅取得に係る消費実態調査，民間住宅ローン借換の実態調査など．http://www.jhf.go.jp/about/research/ 参照．

③日本不動産研究所の行う全国市街地価格指数．これは，半年毎に1936年より市街地価格の推移を指数で表したものである．

④朝日新聞社が集めたデータベースである民力．これは，人口・世帯総数・就業者総数・事業所総数・商店年間販売額・工業製造品年間出荷総額・県民個人所得・国税納付額・預貯金残高・一般公共事業費・着工住宅数・自動車保有総台数・開通加入電話数・電灯年間使用量・教育費総額・テレビ契約数などの各項目を都道府県別にデータ収集し指標として比較したものである．https://minryoku.jp/ 参照．

3-4　地図情報（GISデータ）

国土地理院は，国の地図を作成する機関であり，地形図，主題図，道路・公共交通，土地利用などを地理空間情報ライブラリー（http://geolib.gsi.go.jp/list）で公開している（図3-1）．

研究目的の場合には，様々な地理情報データを東京大学空間情報科学研究センター（CSIS）に共同研究として申請することで，利用することができる（図3-2，図3-3）．

3 社会調査法

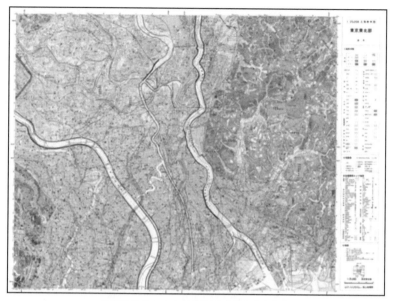

2万5千分の1土地条件図「東京東北部」

図3-1　国土地理院が提供する土地条件図の例

ソース：http://www.gsi.go.jp/bousaichiri/lc_index.html

3-5　社会調査法

　自分で調査する方法としては，ヒアリング調査，観察調査，アンケート調査などがある．（実験調査などもあるが，それは分野に大きく依存する調査法でもあるので，ここでは扱わない．）

　ヒアリング調査では，あらかじめ決めておいた質問事項に加えて，相手の回答に応じて適宜追加の質問をすることができる．質的調査になりやすいが，適切に処理すればある程度統計的処理にもなじむ．

　観察調査は，対象者に介入せずに，行動を調査するものである．

　アンケート調査は，アンケート票にある質問事項に答えてもらう調査である．面接，郵送，電話，留置，集合（教室で回答してもらうなど），web，メールなど様々な形式がある．

図3-2　東京大学空間情報科学研究センターの研究用空間データ基盤の説明図

3-6　調査法の特徴

アンケート調査をする場合の調査法の特徴を述べる．

(1) **面接調査**

回答者に直接面接もしくは電話して調査する方式である．回答者の誤解や記入漏れなどを防ぐことができ，また，努力次第で回収率も高くなる．また，難しい質問も尋ねやすい．ただし，時間や手間がかかり，無意識に特定の回答を誘導する懸念があるので，調査員の影響が出やすいという短所もある．

(2) **郵送調査・留置調査**

調査票を郵送ないし直接配布して，後日返送もしくは回収する方式である．

●データセット一覧 / Dataset list

[　　　　　　　　　　　　　　　] Search　● AND　○ OR

▶ 号レベルアドレスマッチングサービス / Detailed Geocoding Service
▶ CSIS 統計データベースサービス / CSIS Statistics Database Service
▶ 人の流れデータシリーズ / People Flow Project Series
▶ ZMap Town II シリーズ / ZMap Town II Series
▶ 国勢調査シリーズ / Population Census of Japan Series
▶ 事業所・企業統計シリーズ / Buisiness/Company Statistics Series
▶ 経済センサスシリーズ / Economic Census Series
▶ 統計情報シリーズ / Statistics Information Series
▶ 国勢調査地図データシリーズ / GIS Data Series for Population Census of Japan
▶ アメダスシリーズ / AMeDAS Climate Series
▶ 気象データシリーズ / Climate Information Series
▶ 天気図シリーズ / Weather Chart Series
▶ GISMAP シリーズ / GISMAP Series
▶ RAMS-e シリーズ / RAMS-e Airborne Laser Scanning Series
▶ テレポイントシリーズ / Telepoint Phone/Address Series
▶ HD 地形データシリーズ / High –Definition Topography Series
▶ マイクロジオデータシリーズ / Micro Geo Data Series
▶ その他のデータセット / Others

図 3-3　東京大学空間情報科学研究センターで提供する空間データリスト
ソース：https://joras.csis.u-tokyo.ac.jp/dataset/list_all（2014年12月 5 日現在）

留置調査では，若干の説明をすることも可能である．この方法では，回答に時間がかかる質問もできる．ただし，回答してもらえない懸念もある．また，調査員の影響を排除できる点も長所である．手間は面接調査ほどではない点も優れている．短所としては，回答者の誤解や記入漏れを除けないことがある．

(3) **集合調査**

　回答者を一か所に集めて調査票を配布し，その場で回収する方式である．回収率は高くなり，回答者の質問に答えることができる．ただし，複雑な質問はしにくい．回答者を集める手間が別途かかる．

(4) Web 調査・メール調査

　webやメールを使ったアンケートの方式である．時間も費用もかからない，場所の制約がないなどの長所がある．しかし，複雑な質問はしにくく，サンプルに偏りがでる可能性が高い．また，同一人物による複数の回答，なりすまし回答なども起こりうるので注意を要する．

3-7　調査の実施方法

　調査票を適切に作成するための考え方を述べる．

(1) 調査事項の確定

　まずは，調べたい事項を整理しなければならない．調査事項の確認作業としては，
①事実把握……何がわからないのか？
②問題把握……問題になりそうなことは何か？
③仮説検証……どのような仮説を検証したいのか？
を考えねばならない．
　このために，推奨される作業としては，以下がある．
(i)　既存研究をレビューして，既知の事実（複数の研究で確認されている），未知のこと（調べても確認できない），事実かどうか疑わしいこと（研究によって，結果が異なる）などを整理する．
(ii)　想定される因果関係のパス図を作成し，既知・未知・疑問のパスがどれかを整理する．
(iii)　どの部分を調査票で尋ねるかを決める．
(iv)　他の影響をコントロールする（影響を取り除く）ために，影響項目を固定するか，あるいはコントロールするための情報を得るための質問を考える．
(v)　効果的な質問方法を考える．

　上記のうち，パス図とは，想定される因果関係を矢印と効果の仕方を表す符号で表したものである．複合効果もありうるので，それも描く（**図3-4**）．
　また，問題構造の整理をする手法として，KJ法が有名である（川喜田，

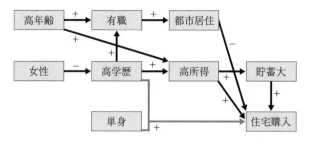

図 3-4　パス図の例（高学歴・単身から住宅購入への矢印が複合効果を表す）

1967）．これは，グループ作業に適した方法である．KJ は，この方法を考案した川喜田二郎氏のイニシャルである．まずは，数人で問題に関連しそうな言葉をカードに書く．次に，内容が似ているカードをグルーピングし，グループにラベルをつける．さらに，似たグループもまとめてラベルをつける．また，包含関係を組織図で表現する．そこから調査仮説を作成する．ワークショップなどでよく使われ，付箋紙と模造紙を用いて作業することも多い．

> **練習問題 3-1**　少子化現象を引き起こす要因を列挙し，それの影響関係をパス図として図示せよ．結果は，少子化現象を引き起こす社会構造のメカニズムになるはずである．

(2) 調査票のデザイン

典型的な調査票の構造は以下の通りである．

① タイトル，調査主体と連絡先

② 調査目的

重要な調査であることを述べることが重要だが，回答を誘導するような内容は含めないように注意しなければならない．

③ プライバシーの保護

回答は統計的に処理し，個別の回答は開示しないことを記載する．もちろん，このことを守らねばならない．

④ 記入上の注意

回答欄の記載方法，回答の進め方，わからないときの処理などを記載する．

3-7 調査の実施方法

⑤本体の質問，必要に応じて自由記載欄

　回答者に負担がかからない配慮（直感的にわかるデザイン）が必要である．

⑥フェースシート

　性別，年齢，学歴，職業，職階，年収，経験年数，婚姻関係，住居形態，専門，居住地，家族構成，出身地，趣味など必要に応じて質問する．

⑦謝辞

(3) 質問項目作成上の注意

以下の点に注意しなければならない．

①回答者にわかりやすいこと

　わかりにくい表現（専門用語，曖昧表現，難しい文章構成，二重否定，多義語）を避ける．長い質問を避ける．選択肢が論理的に自然に並んでいるよう配慮する．選択肢がもれなく・だぶりなく（MECE = mutually exclusive and collectively exhaustive）示されていることを確認する．

②回答者の負担軽減

　過大な質問数を避ける．複数回答・自由回答の多用は避ける．複雑な質問はなるべく避ける．過度なプライバシー侵害にならないように配慮する．質問に応じた分岐の多用をなるべく避ける．過大な選択肢を避ける．

③回答を誘導しない

　質問に「必ず」，「決して」，「大変」など過剰な表現を避ける．誘導的な解説（「○○は××ですが……」）をしない．ダブルバーレル（double-barreled question）項目（二重目的の質問項目）を用いない（例：○○したり××したいと思いますか？，○○や××について良いと思いますか？）．選択肢は中立的になるようにする．具体的には，＋側の選択肢と－側の選択肢の数が異なったり，表現が違うなどを避ける．

④経験的なノウハウ

　最初から難しい質問をしない方が良い．関連する質問はまとめた方が良い．重要な質問は中ほどに（疲れる前に答えてもらう）入れると良い．キャリーオーバー効果（前の質問に影響される効果）に注意すること．例えば，

　Q1：○○年の原子力発電所の事故を知っていますか

Q2：電力は今後，原子力に頼るべきと思いますか

というような質問である．

必ず事前に予備調査をして調査票の適切性をチェックすること．「どちらともいえない」，「わからない」などの選択肢は入れない方が良いことも多い．濾過項目を多用しない．例えば，「○○の方のみお答えください．××ですか？」というようなものが濾過項目である．このような項目があると，この項目以降，非該当者は答えないかもしれない．

(4) 調査票の回収数

調査票はどのくらい配ればよいのだろうか？　例えば，内閣府の社会意識に関する世論調査（http://www8.cao.go.jp/survey/）では約6000票を集めている．この例では，1万票配布して回収率を60.9%としている．この回収率はかなり高い方であり，通常は10〜30%くらいを覚悟した方が良い．

回収数の目安として，

$$配布数 \times 回収率 \geq 統計分析に足るサンプル数$$

という関係が成立するように配布数を考えねばならない．必要サンプル数は，調査対象の性質によって大きく異なる．サンプル数の考え方は，例えば，

http://aoki2.si.gunma-u.ac.jp/lecture/SampleSize/index.html

を参照すると良い．

ある項目について，全国規模でのYesとNoの比率を推定することにする．

p：真のYes回答者の割合

ε：許容できる誤差の範囲（真値に対する比率）

$Z_{\alpha/2}$：許容できる信頼率 $(1-\alpha)$ に対応する数値，$\Phi(Z_{\alpha/2}) = 1 - \dfrac{\alpha}{2}$

とするとき，サンプル数 n は

$$n \geq \left(\frac{Z_{\alpha/2}}{\varepsilon}\right)^2 p(1-p)$$

となる．

例えば，母比率 p が0.5程度の時に，信頼率95%（$\alpha = 0.05$）で母比率を±10%（$\varepsilon = 0.1$）の精度で推定するために必要な標本の大きさは，

$$n \geq (1.96/0.1)^2 \times 0.5 \times 0.5 = 96.04$$

となる．ちなみに，$p = 0.2$ だと，

$$n \geq (1.96/0.1)^2 \times 0.2 \times 0.8 = 61.4656$$

となる．想定される比率で，必要な標本の大きさは異なってくる．いくつか計算例を示してみよう．

$p = 0.5, \varepsilon = 0.05, \alpha = 0.05$ のとき，$n \geq 384.16$

$p = 0.3, \varepsilon = 0.05, \alpha = 0.05$ のとき，$n \geq 322.6944$

$p = 0.1, \varepsilon = 0.05, \alpha = 0.05$ のとき，$n \geq 138.2976$

$p = 0.5, \varepsilon = 0.02, \alpha = 0.05$ のとき，$n \geq 2401$

$p = 0.5, \varepsilon = 0.03, \alpha = 0.05$ のとき，$n \geq 1067.1111$

3-8　サンプリング

　調査をする対象者を決めることも重要である．実際，アンケート調査をする場合にどうすれば良いだろうか？

　誰に尋ねれば良いのか考えてみよう．協力してくれそうな人，友人，家族にアンケートするとどうなるだろうか？　あるいは，近所にアンケート票を配布するとどうなるだろうか？　容易に想像がつくように，このような方法では，調査結果にバイアス（偏り）が発生する懸念がある．

　本来は，ランダムサンプリングをするのが良いとされている．ただし，対象者が多くなると，ランダムサンプリングをするのは，手続きが大変である．そのための工夫として，事前の対処方法がある．また，仮に，ランダムサンプリングで調査対象者を決めても，調査票の返送は，均等には返ってこない．この場合には，事後の対処が必要となる．

(1) サンプリング手法

　調べたい直接の対象は母集団である．例えば，日本の世論調査では，日本人全員が母集団となる．通常，母集団すべてを調べることは現実的では無いので，そこからいくつかの標本を取り出して調べ，それから母集団の性質を推測する．これがサンプリング（標本抽出）である．

サンプリングする時は,なるべく,母集団と似た標本を取り出したい.このためには,位置に関する情報やばらつき方に関する情報がほぼ同じであることが重要である.平均値など位置を表すパラメータである位置母数や分散などばらつき方を示す指標がほぼ等しいことが必要となる.これらの値がなるべくずれない方法が優れたサンプリング手法ということになる（**注3-4**）.

注3-4　推定値の適切性
　一般に,母集団のパラメータの値を標本から推計した推定値が適切であるためには,不偏性（unbiasedness）,一致性（consistency）,有効性（efficiency）,十分性（sufficiency）の4つの条件が満たされることが望ましいとされている.
　不偏性とは,標本から推定された推定値の期待値が母集団のパラメータの値となることであり,母集団のパラメータをθ,標本から計算された推定値をHとすると,
$$E[H] = \theta$$
が成り立つことをいう.
　一致性とは,標本の大きさnが大きくなるほど,Hの値がθに確率的に近くなることをいう.
　有効性とは,Hの分散が小さいこと,すなわち,$V[H]$が他のありうる推定値よりも小さいことをいう.
　十分性とはHが母数θに関して,十分な情報を有していることをいう.この性質は理解しにくいが,基本的には,標本の分布は,Hが与えられれば,あとは母数θによらない分布で表現できることをいう.

(2) 事前の対処方法

　事前にできる最善のことは,サンプリング手法をもっとも適切に設計することである.この場合,適切というのは,統計的な性質のみを考慮するのではなく,そのための手間やコストも含めた総合的な判断となる.以下,典型的なサンプリング手法（抽出法）を説明する.なお,各抽出法の統計的な性質については,例えば,豊田（1998）を参照されたい.

①**単純無作為抽出法**（simple random sampling）

母集団の中から，調査対象を全くランダムに必要数だけ抽出する方法である．基本的には，全員に番号を振って，乱数で標本に割り当てることとなる．この方法は，大規模な母集団の場合，調査対象候補者のリストを作成すること自体が困難なこともある，標本の抽出に手間がかかる，被調査者へのコンタクトも手間がかかる，抽出された調査対象の分布に偏りが発生する可能性もあるなどの短所がある．そのため，どちらかと言えば，母集団が小さい時に有効な方法と言える．

②**系統抽出法**（systematic sampling）

母集団の中から，調査対象を規則的に必要数抽出する方法である．全調査対象候補者に番号を振り，そこから必要数を満たすように等間隔で調査対象者を順番に抽出する（等間隔抽出）というのが典型的な方法である．この方法においても，単純無作為抽出と同様に，大規模な母集団の場合，調査対象候補者のリスト自体を作成することが困難なこともありうる．ただし，抽出の手間はかなり楽になる．台帳に抽出法と同じような規則性がなければ，抽出された調査対象の分布は比較的一様になる．

③**多段階抽出法**（multiple stage sampling）

母集団を何らかの基準によって複数のグループに分け，まずはグループを抽出し，次に各グループ内で調査対象者を抽出という2（あるいはそれ以上の）段階での抽出を行う方法である．全国調査で，まずは調査対象の市区町村を抽出し，次にそれら市区町村の中で調査対象者を抽出する場合，これは多段階抽出法である．各グループの調査対象者数は，各グループの母集団数に比例するように決定する．

多段階抽出では，単純無作為抽出と比べて調査費用がかからないという利点がある．これは，調査対象者が空間的にまとまって分布していることが多いためである．ただ，その反面，抽出されなかったグループの情報が全く反映されないという問題点がある．

④**層別抽出法**（stratified sampling）

母集団を何らかの属性基準によって複数の層に分け，各層内の調査対象者数を，各層の母集団数に比例するように決定し，各層内において単純無作為抽出あるいは系統抽出によって調査対象者を決定する方法である．全国調査におい

て，各市区町村の調査対象者数をそれぞれの全候補者数に応じて比例配分して決定し，各市区町村内では単純無作為抽出によって調査対象者を決定する場合には，層別抽出法となる．層別抽出法は，単純無作為抽出法よりも精度が高いが，層別にするための事前情報が必要となる．

⑤**有意抽出法**（purposive selection）

有意抽出法とは，標本のランダム性を無視して，被験者になってもらいやすい人を選んで訊ねる方法である．この方法では，標本抽出の主観性を排除できず，バイアスが統計的にわかりにくいという大きな難点がある．しかし，実施が容易であり，無作為抽出調査との関係がわかれば効率的に実施できる可能性もある．被験者を選ぶ方法としては，機縁法，紹介法（協力してくれそうなひとにきく方法．紹介をつないでいくスノーボール法もある．），応募法（募集に応じたモニターにきく方法．），典型法（母集団を代表する典型と思われる人にきく方法．）などがある．

サンプリングでしばしば必要になるのが，**台帳**である．これは，母集団全員をリストアップしたデータである．台帳に望まれる性質としては，(1)対象を網羅していること．(2)正確で最新のものであること．(3)閲覧制限がないこと．(4)閲覧費用が安いこと．(5)属性情報がわかること．などがある．ただし，これらを完全に満たす台帳は珍しく，通常はある程度の妥協が必要となる．よく使われる台帳としては，住民基本台帳，選挙人名簿，電話帳などがある．

(3) 事後の対処方法

例えば，年齢層の人口規模に比例させて標本を選び，調査票を配布したとしても，結果として年齢層毎の回収率は同じとは限らず，事後的に偏りが生じる可能性がある．そのような場合には，事後的に分析における偏りを防ぐ方策を講じる必要がある．

そもそも，事後的に偏りが生じる要因としては，以下のものがある．

①対象者決定時の偏り

これは，事前対象における誤りであるとも言えるが，事前に，対象者の情報を完全に取得していることは難しく，現実には避けられない面もある．

② 層ごとの回収率の違い

　例えば，対象に応じて時間費用が異なる．忙しい人は回収率が下がったり，不在がちの人が回答できなかったりということがありうる．また，意識の違いによる偏りもありうる．例えば，環境問題を問うアンケートの場合に，環境意識の高い人の方が，アンケートに協力するというのはよくある話である．このような場合は，結果として，意見分布に偏りが生じる危険性がある．

　層毎の回収率が異なる場合には，回収率が低かった層の標本については，そうでない標本よりも，重みを高くして，母集団の比率を推定する方法がありうる．このような方法は，**重み付け集計**という．

　得られた標本を，$\{x_i : i=1,...,n\}$とする．完全なランダムサンプリングができていれば，xの標本平均が母平均の最適な推定値となる．しかし，サンプリングで偏りがあれば，その影響を取り除く必要がある．そこで，それぞれの標本値に適切な重みw_iを定めて，重みづけ平均をとる．問題は，重みをどのように設定すれば良いかである．

　一つの標本が，母集団のいくつの個体を代表しているかで重みづけするのは，しばしば行われる方法である．例えば，男女それぞれ100人の母集団の年齢の平均を知りたいときに，男性10人，女性5人の年齢を標本としてとったとすれば，男性は1標本あたり10人，女性は1標本あたり20人を代表していることになる．よって，それぞれ，10と20の重みを付ければ良い．住宅・土地統計調査では，乗率が計算されており，個票から集計するときなどは，それを用いることになる．

　ただ，この方法だと，母集団に比べて過小に抽出された個体に対する重みは大きくなり，推定値が不安定になる懸念もある．そこで，ある程度均等な重みになる方法も提案されている．その方法を少し詳しく述べてみよう．

　母集団が二重の層に分かれているとし，層(i,j)の頻度は，N_{ij}であるとする．それぞれについて，得られたサンプルは，n_{ij}個だとすると，単純な方法では，i,jに対する重みw_{ij}は$w_{ij} = N_{ij}/n_{ij}$とすれば良いことになる．ただ，より均等な重みになる方法として，Deville and Sarndal (1992) は以下の方法を提案している．

　以下の最適化問題を解いて，w_{ij}を決める．

$$\min_{w_{ij}} \frac{(w_{ij}-d_{ij})^2}{2d_{ij}}$$

s.t.

$$\sum_i w_{ij}n_{ij} = N_{.j}$$
$$\sum_j w_{ij}n_{ij} = N_{i.}$$

ただし,

$$d_{ij} = \frac{N_{..}}{n_{..}}$$

とする.上記は,Deville and Sarndal (1992) が提案したものの中で単純なものを選択した.

この方法だと,均等になるべく近くしながら,行和・列和が合うような重みとなる.

(4) 調査の集計方法

調査を集計するにあたって,まず考えるべきことは,測定された数値がどのような尺度であるかである.尺度には,以下のものがある.

①**名義尺度**(nominal scale):名称,種類など.例えば,学生証番号,血液型.

意味を持つ演算・変換は,カウント,比率,最頻値,対応関係の変更などである.意味を持つ図表としては,頻度図表,比率図表,構成比の円グラフなどがある.折れ線グラフは使うべきでない.

②**順序尺度**(ordinal scale):順位など.例えば,多い〜少ないの間の5段階評価.

意味を持つ演算・変換は,中央値,単調増加変換(順位に関する演算)や順位に関するノンパラメトリック統計である.意味を持つ図表としては,順序プロット図がある.

③**間隔尺度**(interval scale):差が意味を持つ尺度.例えば,温度.

意味を持つ演算・変換は,和・差,平均値,一次変換,パラメトリック統計,回帰分析,因子分析などがある.意味を持つ図表としては,xy プロット図,平行箱ひげ図などがある.

④**比率尺度**(ratio scale):比率が意味を持つ尺度.0の意味が明確な尺度.例

3-8 サンプリング

えば,長さ.

意味を持つ演算・変換としては,四則演算,比変換がある.意味を持つ図表としては,三角グラフなどがある.

調査の結果を端的に表すものは,要約統計量だろう.分布の要約統計量としては,以下のようなものがある.

(I) 代表値

平均値

算術平均(相加平均):代表的な平均の概念

幾何平均(相乗平均):比率の平均,価格・賃金などの演算に

調和平均(逆数の算術平均の逆数):一定距離を進むのにかかる時間などの代表値に

調整平均(両側を一定比率だけ除いたものの平均):外れ値を除くために比較的安定した値となる.算術平均と中央値の中間的な概念と言える.

中央値

真ん中の値.偶数個ある場合は真ん中の2つの値の平均とすることもある.

最頻値

もっとも頻度が高い値.単峰性のない分布ではあまり有効ではないことも多い.

(II) 順序統計量

最大値,最小値

四分位

第一四分位:25パーセンタイル

第二四分位:50パーセンタイル(= 中央値)

第三四分位:75パーセンタイル

(III) 散布度(ばらつき)

平均偏差:平均値からの偏差の絶対値の平均

分散:平均からの偏差の二乗の平均

母分散ではnで割るが,標本分散を母分散の不偏分散として求めるときは$n-1$で割る

標準偏差:分散の平方根

表 3-2　クロス集計表

	B_1	B_j	B_n	計
A_1	f_{11}	f_{1j}	f_{1n}	$f_{1.}$
A_i	f_{i1}	f_{ij}	f_{in}	$f_{i.}$
A_m	f_{m1}	f_{mj}	f_{mn}	$f_{m.}$
計	$f_{.1}$	$f_{.j}$	$f_{.n}$	$f_{..}$

レンジ：最大値 − 最小値

四分位レンジ：第三四分位 − 第一四分位

変動係数：標準偏差／算術平均

　値が負となる分布には使わない

(Ⅳ) 標準化

標準得点（z 値）：

$$z_i = \frac{x_i - \bar{x}}{s}$$

　標準得点の平均値は 0，分散は 1 となる

偏差値：$h_i = (z_i \times 10) + 50$

(5) クロス集計

　複数の項目について観測が行われた結果を 2 次元以上の属性値で集計したものがクロス集計である．属性 A のカテゴリが A_i，属性 B のカテゴリが B_j のときに，A_i，B_j の属性の度数を f_{ij} とすると，**表 3-2** がクロス集計表．

　クロス集計表の代表的な分析手法としては，以下のものがある．

(ⅰ) 独立性の検定

　独立な場合は，ほぼ　$f_{ij} = f_{i.} \times f_{.j} / f_{..}$　となる．そのため，このような値になっているかどうかで，2 つの属性が独立なのかどうかがわかる．カイ二乗検定を使うと統計的に検定ができる．

(ⅱ) 連関があるかどうか

　独立でない場合に，2×2 では，それぞれの比率が異なる．例えば，男女×1 階居住では，男は 1 階居住が多く，女は 1 階居住が少ない傾向がある．2×2

の連関指標としては,以下のものが知られている(安田・海野, 1977).

ユールの関連係数

$$Q = \frac{f_{11}f_{22} - f_{12}f_{21}}{f_{11}f_{22} + f_{12}f_{21}}$$

四分点相関係数

$$r = \frac{f_{11}f_{22} - f_{12}f_{21}}{\sqrt{f_{1.}f_{2.}f_{.2}f_{.1}}}$$

補遺 社会調査法関連の参考書

本文中に参照した著書の他,盛山(2004),森岡(2007)なども参考になる.

参考文献

川喜田二郎(1967)『発想法』中公新書.
豊田秀樹(1998)『調査法講義』朝倉書店.
森岡清志(編著)(2007)『ガイドブック社会調査 第2版』日本評論社.
盛山和夫(2004)『社会調査法入門』有斐閣.
安田三郎, 海野道郎(1977)『社会統計学:改訂2版』丸善.
Jean-Claude Deville, Carl-Erik Sarndal (1992) "Calibration Estimators in Survey Sampling" *Journal of American Statistical Association*, Vol.87, No.418, 376-382.

4 数学的最適化

4-1 数学的最適化

都市を何らかの形でより良くしていくのが，都市工学の基本である．どうせ良くするならば，最も効果的に，効率的に良くしたい．というわけで，最適化というのも，都市工学において，重要な数学的ツールとなりうる．本章では，数学的な最適化方法の基礎を学ぶ．

まず，最適化とはどういうことだろうか？　もちろん，対象によって異なるが，一般的な目的は，「最も＊＊すること」である．この＊＊の中には，利益を高く，費用を低く，勢力圏を大きく，必要なスペースを小さくなど，様々な表現が入りうる．ただ，これらどの表現を見ても，何かを最大化もしくは最小化するという記述が可能である．数学的最適化では，最大化もしくは最小化する対象を**目的関数**と呼ぶ．よって，数学的最適化問題とは，

max（または，min）　目的関数

という形式の問題となる．ある問題をこのように数学的に表現することを**定式化**という．目的関数は，原料の投入量（の最小化）であったり，買い注文する値段（の最小化）であったり，路線のルートの所要時間（の最小化）であったりする．これらの目的関数の中で，分析者が変えることのできるものが**変数**となり，その変数の値を適切に選ぶことが最適化となる．変数は一つとは限らず，一般的には複数個ある場合もある．変数の数を n 個とし，それぞれの変数を $x_i (i=1,...,n)$ で表すことにする．目的関数はそれら変数によって値が変化するため，変数に依存する関数として，$f(x_1, x_2, ..., x_n)$ というように表現できる．

4 数学的最適化

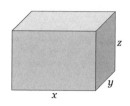

図 4-1 直方体の建物

よって，数学的最適化問題は，

$$\max_{\mathbf{x}} f(\mathbf{x}) = f(x_1, \cdots, x_n)$$

と書くことができる．（最小化問題では，max のかわりに min とする．）ただ，変数は自由にどんな値でも取り得るわけではない．何らかの制約があることも多い．そのような条件を**制約条件**という．

例えば，厳寒の地域の建物形状の最適化問題を考えてみる．話を簡単にするために，建物は直方体であるとし，その間口，奥行，高さの長さをそれぞれ，x, y, z とする（**図 4-1**）．なるべく建物内の熱を逃がさないためにはどのような形状が良いだろうか．

熱の貫流量は，建物の地上部の表面積に比例するものとする．その比例定数を $c(>0)$ とすれば，

$$\min_{x,y,z} c(xy + 2xz + 2yz)$$

と定式化できる．ただ，これだと，おかしなことになる．例えば，x, y, z は負であってはいけない．つまり，文章では述べていなかったが，暗黙の前提として，

$$x \geq 0,\ y \geq 0,\ z \geq 0$$

がある．数学的に定式化するときは，このような暗黙の過程も明示的に示さねばならない．

では，上記の制約条件のもとで上記の最小化問題を解くとどうなるだろうか？ 実は，非常につまらない解が導き出される．それは，x, y, z のうち，2つ以上が 0 という解である．それは，実際のところ，建物ではなくなってしまう．

問題として意味あるものにするためには，例えば，建物の体積が最低でも一

定以上という条件を付せば良い．その最低の体積を V とすると，

$$xyz \geq V$$

となる．結局，完全な定式化は以下のようになる．

$$\max_{x,y,z} c(xy+2xz+2yz)$$

s.t. $xyz \geq V,\ x \geq 0,\ y \geq 0,\ z \geq 0$

上で，s.t. は subject to もしくは such that の略で，「以下の条件を満たす制約のもとで」ということを表す．s.t. 以下の記載が制約条件となっている．制約条件は，一般に不等式や等式で表現される．

したがって，数学的最適化問題は，以下のように表現できる．

$$\max_{\mathbf{x}} f(\mathbf{x}) = f(x_1, \cdots, x_n)$$

s.t. $g_j(\mathbf{x}) \leq 0 \quad j = 1, \ldots, m$

$$(-)$$

上では，$j=1\sim m$ の m 個の制約条件が不等式もしくは等式として示されている．

4-2 数学的最適化問題の種類

実際の最適化問題を考えてみよう．簡単な例を示す．

$$\min_{x,y} x^2 + y^2$$

制約条件は書かれていないが，その時は暗黙の前提として，x も y も実数ということを仮定している（図4-2）．これは，微分の知識がなくても解くことができる．二乗は最低で 0 しか取りえないので，両方が 0，つまり，$x=y=0$ が解で，その時，目的関数は 0 となる．微分を使うとすると，目的関数を x,y それぞれで微分して，微分した関数＝0 と置いて解けば良い．図4-2では，目的関数＝一定という，いわば等高線が描かれている．これは，上記の式では，円となる．最も低い位置は原点であり，そこが最適解となっている．

次に，等式制約の問題の例を示す（図4-3）．

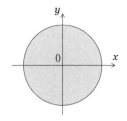
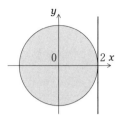

図4-2 制約条件なしの最適化問題　　**図4-3 等式制約条件付きの最適化問題**

$$\min_{x,y} x^2+y^2$$
$$\text{s.t.} \quad x-2=0$$

最も効率的な解き方は，制約条件から $x=2$ として，それを目的関数に代入し，y だけ関数の最適化問題として解くものだろう．容易に，$(x,y)=(2,0)$ が解であることがわかり，その時，目的関数は4となる．図4-3を見て気づくことの一つとして，制約条件を示す $x=2$ の直線と目的関数＝定数を示す曲線（この場合は半径2の円）は，最適解で接している．これは，偶然ではなく，等式制約条件が一つしかない場合は，頻繁にみられる現象である．

次に不等式制約の問題の例を示す．

$$\min_{x,y} x^2+y^2$$
$$\text{s.t.} \quad x-2 \geq 0$$

この場合，図としては図4-3と同じだが，**可能解**（制約条件を満たす解）が $x=2$ の直線およびその右側の領域すべてとなる．最適解は上の例と同様に，$(x,y)=(2,0)$ で，その時，目的関数は4となる．不等式制約条件の場合には，制約条件を示す関数の線上で最適解がある場合と，制約条件を満たす内側（上の例では，$x>2$ の領域）に最適解がある場合と2つのケースがでてくる．両方を検討することで最適解を探すことになる．

ついでに，以下の問題はどうだろうか？

$$\max_{x,y} x^2+y^2$$
$$\text{s.t.} \quad x-2 \geq 0$$

この場合は最適解は存在しない．x を大きくすれば，いくらでも目的関数の値

4-2 数学的最適化問題の種類

を大きくすることができるからである．このように，最適化問題では答えがないこともある．この解なしというケースは，以下の2つの場合で起こりうる．

(1) 制約条件を満たす可能解が存在しない場合

この場合は，目的関数にかかわらず，解が存在しない．現実の問題を解く場合には，制約条件を可能な範囲で緩めるなどの措置をしないと，問題として成立しなくなる．

(2) 目的関数が発散してしまう場合

上記の最後の例のように，目的関数の値が ∞ もしくは $-\infty$ に発散する場合である．現実の問題を解く場合には，制約条件が不足していたり，緩すぎたりすることがあるので，制約条件を強化するか，あるいは，目的関数自体を再検討する必要があるだろう．

ここで，数学的最適化問題を分類しておく．

① **線形計画**問題（linear programming）

変数が実数値をとり，目的関数も制約条件式も変数に関して1次式．

② **非線形計画**問題（nonlinear programming）

変数が実数値をとり，目的関数や制約条件式が変数に関して1次式とは限らない．特別な場合として，線形計画問題も含む．

③ **整数計画**問題（integer programming）

変数が整数値だけをとる問題．

④ **混合整数計画**問題（mixed integer programming）

変数に実数値をとる変数と整数値をとる変数が両方含まれる問題．

⑤ **動的計画**問題（dynamic programming）

変数がベクトルではなく，関数で表されるような問題．ここまで例示してきた問題では，変数はベクトルで表記してきたが，それは，変数が整数個しかなかったからである．さらに発展させると，変数が実数の密度だけあるようなこともありうる．例えば，時間的に電圧値を変化させるような制御の最適化は，「変数」が時間に関する関数で表現される．

⑥ **多目的関数計画**問題（multi-objective programming）

目的関数が複数あるような最適化問題．最適値は一つに定まるのではなく，

ある目的関数の値を増やすためには，他の目的関数の値を減らさざるを得ないというような解の集合として求められることになる．

本書では，非線形計画問題を扱い，その特殊な例として，線形計画問題にもふれる．

4-3 制約条件のない場合

制約条件がない場合というのは，実際には変数が実数値を自由にとりうる場合である．例えば，1変数の制約条件のない最適化問題は，

$$\max_x f(x)$$

というような問題である．これは，高校数学でさんざんやった（やらされた）問題だろう．解き方は，目的関数を変数で微分し，導関数＝0とおいて解くというもので，

$$f'(x) = 0$$

を解けば良い．これは，一回微分した関数の条件なので，**1階の条件**（FOC = first order condition）と呼ばれる．注意すべきは，これは，最大値ではなく極大値の条件であることである．つまり，あくまで最大かどうかの条件ではなく，関数が局所的に山になっている時に，その山頂は傾きがゼロなので，その条件となっているのである．また，これは，極大値の条件でもあるが，（真逆の）極小値の条件でもある．傾きがゼロということだけなので，逆に，関数が局所的に谷になっていて，その最底部でも同じ条件を満たす．このため，この条件を満たしても極大値かどうかすら，わからない．

そこで，極大値であることを確かめるために，さらに条件が必要となる．それが **2階の条件**（SOC = second order condition）である．山頂になっているためには，その付近では x が増加するたびに，$f(x)$ の傾きが減っていけば良い．つまり，$f''(x)$ が負であれば良いということになる．$f''(x) < 0$ ならば着実に減っていくために，必ず山形になるが，$f''(x) \leq 0$ でも山形になることもある．というわけで，

$x = x^*$ で極大値となる十分条件は，$f'(x^*) = 0$ かつ $f''(x^*) < 0$

4-3 制約条件のない場合

$x = x^*$ で極大値となる必要条件は，$f'(x^*) = 0$ かつ $f''(x^*) \leq 0$ となる．十分条件とは，この条件が成り立てば必ず極大値となるということが成立する条件である．必要条件とは，極大値であるためにはこの条件が成り立つ必要があるが，他にも条件が必要となるかもしれないという条件である．一般に，「AならばB」が成り立つときに，AをBの**十分条件**，BをAの**必要条件**という．「AならばB」，かつ「BならばA」が両方とも成り立つときに，AをBの**必要十分条件**（BをAの必要十分条件）という．

それでは，極大値の必要十分条件はどのように表されるのだろうか？ $f(x)$ を x で k 回微分した関数を，$f^{[k]}(x)$ と表すことにすると，極大値の必要十分条件は以下のようになる．

$f(x)$ が $x = x^*$ で極大値となる必要十分条件は，以下のどれかが成り立つことである．

(1) $f^{[1]}(x^*) = 0,\ f^{[2]}(x^*) < 0$

(2) $f^{[1]}(x^*) = f^{[2]}(x^*) = f^{[3]}(x^*) = 0,\ f^{[4]}(x^*) < 0$

 $\vdots$

(n) $f^{[1]}(x^*) = \cdots = f^{[2n-1]}(x^*) = 0,\ f^{[2n]}(x^*) < 0$

 $\vdots$

なお，極小値の場合は，不等式だけを逆向きにすれば良い．

上記の(1)で極大値となる関数の例としては $f(x) = -x^2$，(2)で極大値となる関数の例としては $f(x) = -x^4$，(n)で極大値となる関数の例としては $f(x) = -x^{2n}$（いずれも，$x = 0$ で極大値をとる）がある．

極大値が最大値かどうかを確かめるには，極大値の中で最大になること，および，目的関数が無限大に拡散しないことの2点を確かめねばならない．

> **練習問題 4-1** 以下の最大化問題を解け．
> $\max_x\ f(x) = \exp(-|x|)\sin x$
> [指数関数，三角関数の微分の知識が必要となる．もしも，不安な場合は，**補遺 数学基礎**を参照．]

それでは，2変数以上の場合にはどうなるだろうか？ 問題自体は

$$\max_{\mathbf{x}} f(\mathbf{x})$$

と変数がベクトルに変わるだけである．まず，この問題を考える上で，偏微分の知識が必要となる．偏微分とは，その変数だけで微分することであり，

$$\frac{\partial f(x,y)}{\partial x}$$

というのは，2つある変数のうち，xのみで微分するというものである．すなわち，

$$\frac{\partial f(x,y)}{\partial x} = \lim_{\xi \to 0} \frac{f(x+\xi,y) - f(x,y)}{\xi}$$

と定義される．

　もう少し詳しく説明するために，例えば，$f(x,y) = x^2 + y^2$という関数を考えてみよう．この関数のxに関する偏微分とyに関する偏微分はそれぞれ，

$$\frac{\partial f(x,y)}{\partial x} = 2x$$

$$\frac{\partial f(x,y)}{\partial y} = 2y$$

となる．xについて偏微分する場合は，yは固定するので，y^2の項はxによって変化しない．そのため，定数項の微分と同じで，これに関する微分は0となる．さて，$\frac{\partial f(x,y)}{\partial x} = 2x$というのは，関数の値が$x$方向には，$2x$の傾きになっていることを示している．したがって，$x$方向に$\Delta x$だけ増やすと，関数の値が[傾き]×[増分]だけ増えることになる．すなわち，

$$f(x+\Delta x, y) - f(x,y) \approx \frac{\partial f(x,y)}{\partial x} \Delta x$$

となる．これは，y方向にも同様のことが言える．

　偏微分にはもう一つ重要なことがある．x, yそれぞれで偏微分した値をベクトル表記してみよう．

$$\begin{bmatrix} \dfrac{\partial f(x,y)}{\partial x} \\ \dfrac{\partial f(x,y)}{\partial y} \end{bmatrix} = \begin{bmatrix} 2x \\ 2y \end{bmatrix}$$

ここで，左辺の$f(x,y)$は共通なので，あえて，外に出すと，

4-3 制約条件のない場合

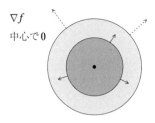

図 4-4　∇f

$$\begin{bmatrix} \dfrac{\partial}{\partial x} \\ \dfrac{\partial}{\partial y} \end{bmatrix} f(x,y) = \begin{bmatrix} 2x \\ 2y \end{bmatrix}$$

と書くことができる．左辺の最初の「ベクトル」は，x で偏微分して第 1 成分にし，y で偏微分して第 2 成分にするという操作をする演算子である．数学の世界では，これを**ナブラ**（∇）で表す．

$$\nabla = \begin{bmatrix} \dfrac{\partial}{\partial x} \\ \dfrac{\partial}{\partial y} \end{bmatrix}$$

これを使うと，上の式は，

$$\nabla f(x,y) = \begin{bmatrix} 2x \\ 2y \end{bmatrix}$$

と書くことができる．ちなみに，ナブラ（nabla）はヘブライ語の竪琴という意味である．この $\nabla f(x,y)$（なお，これは，f の**勾配**（gradient）と呼ばれる）を理解することが，以下，重要となる．これは，もちろん，f という関数の偏微分をベクトル形式に並べたものであるが，実は，このベクトルが関数値が最も急に増加する方向を示しているのである．つまり，f という関数の等高線図を描くとすると，$\nabla f(x,y)$ は，それぞれの点で法線ベクトルとなっているのである．実際，$f(x,y) = x^2 + y^2$ という関数の等高線は，$x^2 + y^2 = c$（c は 0 以上の定数）という式で表されるが，これは，原点を中心とする円となる（**図 4-4**）．そして，

$$\nabla f(x,y) = \begin{bmatrix} 2x \\ 2y \end{bmatrix}$$

というベクトルは，(x,y) という点において，ちょうど，原点から遠ざかる方向を示しているので，ちょうど，その点で円の接線と直交する方向となっている．

もう一つ重要なことは，どの方向に行っても増加しないような点（すなわち極大点＝極大値を与える点）では，勾配 $\nabla f(x,y) = \mathbf{0}$（ゼロベクトル）となる．そして，これこそが，最大化問題の 1 階の条件（FOC）となる．

1 変数の場合と同様に，1 階の条件だけでは，極大値の条件としては足りない．1 階の条件は局所的に平らになっていることを示すだけなので，極小値となっている可能性もある．そのため，1 変数の場合と同様に 2 階の条件が必要となる．2 階の条件では，局所的に山になっていることを確認しなければならない．1 変数の場合は，$f''(x) \leq 0$ が必要条件だったので，これを拡張することを考える．

まず，極大値を与える解を (x^*, y^*) とする．極大値では，どちらの方向に行っても関数値が減少するはずである．よって，どのような $(\Delta x, \Delta y)$ についても，
$$f(x^*+\Delta x, y^*+\Delta y) - f(x^*, y^*) \leq 0$$
が成り立たねばならない．この条件を数学的な条件として求めれば良い．

このための準備として，**テイラー展開**を説明する．テイラー展開とは，関数値がわかっている地点での情報を使って，そこから少しだけ離れた関数値を近似的に求める方法である．

1 次元の場合について，テイラー展開を述べると以下のようになる．
$$f(x+\Delta x) = f(x) + f'(x)\Delta x + \frac{1}{2}f''(x)\Delta x^2 + \cdots$$
右辺の最初の項は微分した関数の値がわからないときの最も素朴な近似値である．Δx が小さければ，$x+\Delta x$ における関数値 $f(x+\Delta x)$ は x における関数値 $f(x)$ とそれほど大きくは変わらないだろう．それが最初の項である．ただ，x において関数が増加（減少）しているならば，その分を加味した方がより良い近似になる．そこで，x における傾き $f'(x)$ にずれの分 Δx をかけた分だけ補正する．それが第 2 項である．これは，ちょうど，x における接線の値で近似

4-3 制約条件のない場合

することになる．さらに，x において下に凸（上に凸）ならば，傾きの上昇傾向（減少傾向）を使ってさらに近似精度をあげることができる．それが第3項である．これは，2次式で近似していることになる．

2次元の場合のテイラー展開も基本は同じである．単に，x 方向に関する補正と y 方向に関する補正が出てくるだけである．すると，

$$f(x+\Delta x, y+\Delta y) = f(x,y) + \left[\frac{\partial f(x,y)}{\partial x}\Delta x + \frac{\partial f(x,y)}{\partial y}\Delta y\right]$$
$$+ \frac{1}{2}\left[\frac{\partial^2 f(x,y)}{\partial x^2}\Delta x^2 + \frac{\partial^2 f(x,y)}{\partial y^2}\Delta y^2\right] + \cdots$$

とすれば良いのだろうか？　実は違う！　正しくは，

$$f(x+\Delta x, y+\Delta y) = f(x,y) + \left[\frac{\partial f(x,y)}{\partial x}\Delta x + \frac{\partial f(x,y)}{\partial y}\Delta y\right]$$
$$+ \frac{1}{2}\left[\frac{\partial^2 f(x,y)}{\partial x^2}\Delta x^2 + 2\frac{\partial^2 f(x,y)}{\partial y \partial y}\Delta x \Delta y + \frac{\partial^2 f(x,y)}{\partial y^2}\Delta y^2\right] + \cdots$$

となる．2階微分を用いて近似する部分で $\Delta x \Delta y$ による補正項も出てくる点に注意してほしい．これは，2次以上の項では，独立な補正だけでは補正しきれない分が発生するためである．

さて，上記の表現をベクトルと行列を使って表現してみよう．

$$\mathbf{x} = \begin{bmatrix} x \\ y \end{bmatrix}$$

$$\Delta \mathbf{x} = \begin{bmatrix} \Delta x \\ \Delta y \end{bmatrix}$$

$$\mathbf{H} = \begin{bmatrix} \dfrac{\partial^2 f(x,y)}{\partial x^2} & \dfrac{\partial^2 f(x,y)}{\partial x \partial y} \\ \dfrac{\partial^2 f(x,y)}{\partial x \partial y} & \dfrac{\partial^2 f(x,y)}{\partial y^2} \end{bmatrix}$$

とすると，

$$f(x+\Delta x, y+\Delta y) - f(x,y) = f(\mathbf{x}+\Delta\mathbf{x}) - f(\mathbf{x})$$
$$= \left[\frac{\partial f(x,y)}{\partial x}\Delta x + \frac{\partial f(x,y)}{\partial y}\Delta y\right] + \frac{1}{2}\left[\frac{\partial^2 f(x,y)}{\partial x^2}\Delta x^2 + 2\frac{\partial^2 f(x,y)}{\partial y \partial y}\Delta x \Delta y + \frac{\partial^2 f(x,y)}{\partial y^2}\Delta y^2\right] + \cdots$$

$$= \begin{bmatrix} \frac{\partial f(x,y)}{\partial x} & \frac{\partial f(x,y)}{\partial y} \end{bmatrix} \begin{bmatrix} \Delta x \\ \Delta y \end{bmatrix} + \frac{1}{2} [\Delta x \ \ \Delta y] \begin{bmatrix} \frac{\partial^2 f(x,y)}{\partial x^2} & \frac{\partial^2 f(x,y)}{\partial x \partial y} \\ \frac{\partial^2 f(x,y)}{\partial x \partial y} & \frac{\partial^2 f(x,y)}{\partial y^2} \end{bmatrix} \begin{bmatrix} \Delta x \\ \Delta y \end{bmatrix} + \cdots$$

$$= \nabla f(\mathbf{x})^T \mathbf{\Delta x} + \frac{1}{2} \mathbf{\Delta x}^T \mathbf{H} \mathbf{\Delta x} + \cdots$$

と書くことができる．なお，この **H** という 2 階微分の行列は**ヘッセ行列** (Hessian matrix) と呼ばれる．

さて，2 階の条件にもどろう．

$$f(x^* + \Delta x, y^* + \Delta y) - f(x^*, y^*) = \nabla f(\mathbf{x}^*)^T \mathbf{\Delta x} + \frac{1}{2} \mathbf{\Delta x}^T \mathbf{H}(\mathbf{x}^*) \mathbf{\Delta x} + \cdots$$

となる．ところで，1 階の条件から，$\nabla f(\mathbf{x}^*) = \mathbf{0}$ であるから，結局，

$$\mathbf{\Delta x}^T \mathbf{H}(\mathbf{x}^*) \mathbf{\Delta x} + \cdots \leq 0$$

であれば良いということになる．**Δx** は微小な数のベクトルであるとすれば，最初の 2 次の項が重要となる．そのため，どのような **Δx**（$\neq \mathbf{0}$）についても，**Δx**^{T}**H**(**x***)**Δx** < 0 が成り立つような **H** であれば良い（**注 4 - 1**）．なお，**Δx**^{T}**H**(**x***)**Δx** の形を **2 次形式**という．

H はどのような行列なのだろうか？　例えば，

$$\mathbf{H} = \begin{bmatrix} -1 & 0 \\ 0 & -1 \end{bmatrix}$$

だと，上記の条件が成り立つ．実際，

$$\mathbf{\Delta x}^T \mathbf{H} \mathbf{\Delta x} = -\Delta x^2 - \Delta y^2$$

となることから，どのような $(\Delta x, \Delta y)$ についても，これは 0 以下となる．$a, b > 0$ とすると，

$$\mathbf{H} = \begin{bmatrix} -a & 0 \\ 0 & -b \end{bmatrix}$$

でも成り立つ．

より一般に

$$\mathbf{H} = \begin{bmatrix} a & b \\ c & d \end{bmatrix}$$

だとどうだろうか？　ただし，ヘッセ行列の特性から，$b = c$ となる．

4-3 制約条件のない場合

実は，$a < 0$ かつ $ad - bc > 0$ ならば成り立つ．これを確認してみよう．

$$\begin{aligned}
\Delta \mathbf{x}^\mathrm{T} \mathbf{H} \Delta \mathbf{x} &= a\Delta x^2 + (b+c)\Delta x \Delta y + d\Delta y^2 \\
&= a[\Delta x^2 + (b+c)\Delta x \Delta y/a] + d\Delta y^2 \\
&= a[\Delta x + (b+c)\Delta y/(2a)]^2 - (b+c)^2 \Delta y^2/(4a) + d\Delta y^2 \\
&= a[\Delta x + (b+c)\Delta y/(2a)]^2 + [4ad - (b+c)^2]\Delta y^2/(4a)
\end{aligned}$$

これは重み付き平方和の形になっているので，$a < 0$, $[4ad - (b+c)^2]/(4a) < 0$ ならば良い．2つめの条件は，$4ad - (b+c)^2 > 0$ となるが，$4ad - (b+c)^2 = 4(ad - bc) - (b-c)^2 = 4(ad - bc) > 0$ が成り立てば良いということになる．最後の変形では，$b = c$ という条件を使っている．よって，$a < 0$ かつ $ad - bc > 0$ ならば良いことになる．

さて，a とは $\mathbf{H}$ の左上の値である．また，$ad - bc$ は $\mathbf{H}$ の行列式である．$\mathbf{H}$ について左上1行1列，2行2列……と順に値をとり，その行列式をとったものを，**首座小行列式**という．これを順に，H_1, H_2, ……と表記すると，上の条件は，$H_1 < 0$, $H_2 > 0$ と表すことができる．この性質は2変数の場合に限らず，n 変数の場合も成り立つ．そこで，一般の2階の条件は，ヘッセ行列

$$\mathbf{H} = \left[\frac{\partial^2 f(\mathbf{x})}{\partial x_i \partial x_j} \right]$$

(これは，$\mathbf{H}$ の i 行 j 列の要素が $\frac{\partial^2 f(\mathbf{x})}{\partial x_i \partial x_j}$ となっているという意味である．) が2次形式について，ベクトルが $\mathbf{0}$ でない限り負になることであり，この性質を $\mathbf{H}$ が負値行列 (negative definite matrix) であるという．上で見たように，$\mathbf{H}$ が負値行列であるための必要十分条件は，$\mathbf{H}$ の首座小行列式 $H_k (k = 1, \ldots, n)$ が交互に，負，正となること，すなわち，奇数の k について $H_k < 0$，偶数の k について $H_k > 0$ となることである．また，実は，これは，$\mathbf{H}$ の固有値がすべて負となることと言うこともできる．

以上をまとめると以下のようになる．

$f(\mathbf{x}^*)$ が $f(\mathbf{x})$ の極大値となる十分条件は，(1)かつ(2)が成り立つことである．
(1) FOC：$\nabla f(\mathbf{x}^*) = \mathbf{0}$
(2) SOC：$\mathbf{H}(\mathbf{x}^*)$ が負値行列であること

⇔ $\mathbf{H}$ の首座小行列式 $H_k(k=1,...,n)$ が,奇数の k について $H_k < 0$,偶数の k について $H_k > 0$ となる
⇔ $\mathbf{H}$ の固有値がすべて負

ちなみに,極小値についても同様の演繹で以下のようになる.

$f(\mathbf{x}^*)$ が $f(\mathbf{x})$ の極小値となる十分条件は,(1)かつ(2)が成り立つことである.
(1) FOC:$\nabla f(\mathbf{x}^*) = \mathbf{0}$
(2) SOC:$\mathbf{H}(\mathbf{x}^*)$ が負値行列であること
⇔ $\mathbf{H}$ の首座小行列式 $H_k(k=1,...,n)$ が,すべて正となる
⇔ $\mathbf{H}$ の固有値がすべて正

練習問題 4-2 $\max_{x,y} \ z = f(x,y) = 1+2x+4y-x^2-4y^2$ を解け.

練習問題 4-3 上記の演繹過程にならって,極小値の場合について論ぜよ.

注 4-1 等式が除かれる理由
どのような $\Delta\mathbf{x}$ についても,$\Delta\mathbf{x}^T\mathbf{H}(\mathbf{x}^*)\Delta\mathbf{x} \leq 0$ とはならないのは,等式が入ってしまうと,$\mathbf{0}$ 以外の $\Delta\mathbf{x}$ でも 2 次の項が 0 になる可能性がでてくるために,より高次の項についての条件が必要となってしまうからである.実際には,1 変数の場合と同様に,必要十分条件を正確に述べようとすると,高次の項に関する条件まで必要となってしまう.そこで,ここ以下で述べているのは十分条件となっている.

4-4 固有値・固有ベクトル

前節で負値行列と固有値の関係が出てきたが,このことを理解するために,固有値・固有ベクトルについて,復習しておこう.
行列 $\mathbf{A}$ が与えられた時,
$$\mathbf{A}\mathbf{x} = \lambda\mathbf{x}$$

4-4 固有値・固有ベクトル

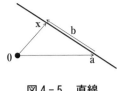

図 4-5　直線

が成り立つようなスカラー λ，ベクトル **x** をそれぞれ固有値，固有ベクトルという．**A** が $n \times n$ の行列の場合，固有値・固有ベクトルのペアは最大 n 個存在する．

　まず，ベクトルには，**位置ベクトル**と**方向ベクトル**の2種類がある．位置ベクトルは座標を表すのが主な目的であるから，例えば，それを1以外の定数倍をしてしまうと，当然に異なる場所を表してしまう．そのため，定数倍することなど，もってのほかである．他方，方向ベクトルは方向を示すだけなので，0以外の定数倍をしても意味は同じである．固有値・固有ベクトルを最初に習ったときに，固有ベクトルの2倍のベクトルでも－1倍のベクトルでもかまわないという融通無碍な感じは，実は，固有ベクトルは方向ベクトルであるためである．この点が理解できないと固有値・固有ベクトルは気持ち悪い．

　例えば，**x** = **a** + **b**t という媒介変数 t を用いた直線の式では，

x：位置ベクトル
a：位置ベクトル
b：方向ベクトル

である（**図 4-5**）．

　一次変換は行列をかける形式で表すことができる．例えば，**x** を **y** に変換する一次変換は，

$$\mathbf{y} = \mathbf{A}\mathbf{x}$$

と書くことができる．変換行列 **A** を

$$\mathbf{A} = \begin{bmatrix} a & b \\ c & d \end{bmatrix}$$

とすれば，$(1,0)$ は (a,c) に，$(0,1)$ は (b,d) に変換される．2次元の一次変換の場合には，独立な2つの点がどこに変換されるかが決まれば，完全に変換を記

4 数学的最適化

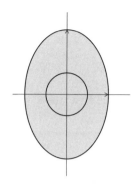

図 4-6 一次変換の例

述できてしまうのである．

例えば，

$$\mathbf{A} = \begin{bmatrix} 2 & 0 \\ 0 & 3 \end{bmatrix}$$

という一次変換行列の場合，$(1,0)$ は $(2,0)$ に，$(0,1)$ は $(0,3)$ に変換される．これは，x 軸方向に2倍，y 軸方向に3倍に伸ばす変換となっている（**図 4-6**）．

一般には，伸びる方向は，x 軸方向と y 軸方向とは限らない．いろいろな方向に伸びる可能性がある．ただ，2次元の一次変換では，最大で2つの（独立な）方向にしか伸びない．この方向を示したものが，固有ベクトルであり，前述したようにそれは方向ベクトルである．そのため，0でない定数倍をしたものでも，同じように固有ベクトルとしての用をたす．そして，その方向に何倍に伸びるかが固有値である．そのため，固有値と固有ベクトルはセットで，2次元の場合には，2セットあることになる．容易にわかるように，上の例では，

　　固有値：2，固有ベクトル $(1,0)$

　　固有値：3，固有ベクトル $(0,1)$

の2つである．（くどいように言うが，例えば，固有ベクトル $(1,0)$ の代わりに，$(-1,0)$ でも $(2,0)$ でもかまわない．）

別な例をあげると，

$$\mathbf{A} = \begin{bmatrix} 2 & -1 \\ -1 & 2 \end{bmatrix}$$

4-4 固有値・固有ベクトル

の場合は,

固有値：1，固有ベクトル $(1, 1)$

固有値：3，固有ベクトル $(1, -1)$

となる．固有ベクトルは直交している．

さらに別な例をあげると,

$$\mathbf{A} = \begin{bmatrix} 2 & 1 \\ 0 & 3 \end{bmatrix}$$

の場合は,

固有値：2，固有ベクトル $(1, 0)$

固有値：3，固有ベクトル $(1, 1)$

となる．この2つの固有ベクトルは直交していない．

実は，$b = c$ だと固有ベクトルは直交するのである．これは，線形代数の教科書では，「実対称行列の固有ベクトルは直交する」と表現されている．実とは，行列の成分がすべて実数であるという意味であり，対称行列というのは，転置しても値が変わらない行列ということで，まさに，$\mathbf{H}$ が満たす条件となっている．よって，ヘッセ行列から計算される固有値は直交するのである．

次に，二次形式について考えてみよう．二次形式とは，ベクトル $\mathbf{x}$ と行列 $\mathbf{A}$ で，$\mathbf{x}^\mathsf{T}\mathbf{A}\mathbf{x}$ と表される形式である．実対称行列 $\mathbf{H}$ の二次形式について考えてみよう．その固有ベクトルを $\mathbf{u}, \mathbf{v}$ とする．$\mathbf{H}$ は実対称行列なので，固有ベクトルは直交する．よって，$\mathbf{u}$ と $\mathbf{v}$ は直交し（つまり，$\mathbf{u}$ と $\mathbf{v}$ の内積が0），独立なので，任意のベクトル $\mathbf{x}$ は適当な係数 p, q を選ぶことで

$$\mathbf{x} = p\mathbf{u} + q\mathbf{v}$$

と書き表すことができる．すると,

$$\begin{aligned}
\mathbf{x}^\mathsf{T}\mathbf{H}\mathbf{x} &= (p\mathbf{u}+q\mathbf{v})^\mathsf{T}\mathbf{H}(p\mathbf{u}+q\mathbf{v}) \\
&= (p\mathbf{u}+q\mathbf{v})^\mathsf{T}(p\mathbf{H}\mathbf{u}+q\mathbf{H}\mathbf{v}) \\
&= (p\mathbf{u}+q\mathbf{v})^\mathsf{T}(p\alpha\mathbf{u}+q\beta\mathbf{v}) \quad (\alpha, \beta \text{ は固有値とする}) \\
&= p^2\alpha\mathbf{u}^\mathsf{T}\mathbf{u}+pq\beta\mathbf{u}^\mathsf{T}\mathbf{v}+qp\alpha\mathbf{v}^\mathsf{T}\mathbf{u}+q^2\beta\mathbf{v}^\mathsf{T}\mathbf{v} \\
&= p^2\alpha\mathbf{u}^\mathsf{T}\mathbf{u}+q^2\beta\mathbf{v}^\mathsf{T}\mathbf{v} \quad (\mathbf{u}, \mathbf{v} \text{ は直交するため，} \mathbf{u}^\mathsf{T}\mathbf{v} = \mathbf{v}^\mathsf{T}\mathbf{u} = 0) \\
&= p^2\alpha|\mathbf{u}|^2+q^2\beta|\mathbf{v}|^2
\end{aligned}$$

よって，任意の $\mathbf{x} (\neq \mathbf{0})$ に対して，$\mathbf{x}^\mathsf{T}\mathbf{H}\mathbf{x} < 0$ となるのは，α, β が共に負のと

きである．よって，負値行列であることは，固有値がすべて負であることと同値となる．

4-5　等式制約条件のある場合

等式制約条件がある場合の最適化問題を解く方法を考えてみよう．ラグランジュの未定乗数法を紹介することになるが，まずは，直感的な問題の把握をすることにしたい．

まずは，制約条件が一つしかない以下の問題を考えてみる．
$$\max_{\mathbf{x}} f(x) \quad \text{s.t.} \quad g(\mathbf{x}) = 0$$
制約条件式 $g(\mathbf{x}) = 0$ は，例えば 2 次元の問題でいうと，一つの線で表現される．図 4-7 では，g という線がそれにあたる．$f(\mathbf{x}) = $ 一定という等高線の一つが図 4-7 の f である．例えば，この円の中心が何も制約条件がない場合の最大値であるとする．しかし，制約条件から，g という線上しか動けない．これは，ちょうど，丘状の土地に歩道があるような状況に似ている．g が歩道である．

さて，ここで変わった犬を飼っていて，散歩に出かけることを想定してみよう．ただし，その犬は，とにかく高い所に登りたがる奇妙な犬だとする．飼い主は，歩道以外に犬が出て行かないように，歩道に直角な方向に綱を引く．すると，犬の行きたがる方向が歩道に直角ではない限り，歩道上を動くことになる．そして，最後に，犬が行きたがる方向と歩道に直角に引っ張る方向とが釣り合って，動けなくなる．それが，歩道上の関数の極大値になる．図 4-7 では，円の内側への矢印が犬の引っ張る方向，そして，外側への矢印が飼い主が歩道にとどまるよう引っ張る方向である．ちょうど，極大値ではそれらが向きは別としても同じ方向になっていることがわかる．これが，極大値の 1 階の条件である！

もう少し，数学的な表現をしてみよう．まず，f の勾配 ∇f は関数が上昇する方向を示しており，いわば，犬が引っ張る方向となる．他方，g の勾配 ∇g は制約条件式に直交する方向（法線ベクトル）となっているので，飼い主

4-5 等式制約条件のある場合

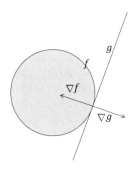

図 4-7　等式制約条件

が引っ張る方向である．この2つの方向が一致するということは，適当なスカラー λ をとることで，

$$\nabla f = \lambda \nabla g$$

という関係が成立することを意味している．移項すると，

$$\nabla(f - \lambda g) = \mathbf{0}$$

となる．この $(f-\lambda g)$ はラグランジュ関数，λ はラグランジュの未定乗数と呼ばれる．そして，この式が，一階の条件なのである．

すなわち，ラグランジュ関数 $L(\mathbf{x}, \lambda)$ は以下のように定義する．

$$L(\mathbf{x}, \lambda) = f(\mathbf{x}) - \lambda g(\mathbf{x})$$

この関数を，$\mathbf{x}$ および λ で偏微分し，それぞれ0に等しいとおいて解けば良い．なお，$L(\mathbf{x}, \lambda)$ を λ で偏微分して0に等しいという式は，

$$-g(\mathbf{x}) = 0$$

となり，（正負は異なるが）等式制約条件そのものとなっている．

ラグランジュ関数を用いる最大の利点は，等式制約条件付きの問題を新たな変数（ラグランジュの未定乗数）を追加する代わりに，等式制約条件がない問題に置き換える点である．

なお，ここの導出で明らかなように，λ の代わりに例えば，$-\Lambda$ を用いても良いので，ラグランジュ関数を，

$$L(\mathbf{x}, \Lambda) = f(\mathbf{x}) + \Lambda g(\mathbf{x})$$

と定義してもかまわない．教科書によっては，このように記載しているものもあるので，注意されたい．

以下でより厳密に導出をしてみよう．

(1) 1 条件式の場合の 1 階の条件

1 条件式の最大化問題は，以下のように表すことができる．

$$\max_{\mathbf{x}} f(\mathbf{x}) = f(x_1, \cdots, x_n)$$

s.t. $g(\mathbf{x}) = g(x_1, \cdots, x_n) = 0$

方針としては，制約条件がない場合と同様に，まず，極大値をすべて調べ上げ，関数が ∞ に発散することがないことを確かめた上で，極大値の中の最大のものを最大値として求めることにする．以下では，極大値を求める方法を考えていく．

極大値を与える点を $\mathbf{x}^*$ とする．この点から，制約条件を満たすようにどのように微小 $\Delta \mathbf{x}$（$\neq 0$）だけ動かしても $f(\mathbf{x}^*+\Delta \mathbf{x})-f(\mathbf{x}^*) < 0$ が成り立てば良い．（なお，これは，十分条件を求めることになる．）

まずは，前半の「制約条件を満たすように動かす」という条件を考えてみよう．$\mathbf{x}^*$ では当然に，制約条件を満たすので，$g(\mathbf{x}^*) = 0$ が成り立つ．制約条件を満たすように動かすわけであるから，$g(\mathbf{x}^*+\Delta \mathbf{x}) = 0$ であるはずである．よって，$g(\mathbf{x}^*+\Delta \mathbf{x})-g(\mathbf{x}^*) = 0$ が成り立つ．これをテイラー展開して，1 次近似の部分だけ取り出すと，

$$\nabla g(\mathbf{x}^*)^T \Delta \mathbf{x} = 0$$

となる．次に，後半の条件 $f(\mathbf{x}^*+\Delta \mathbf{x})-f(\mathbf{x}^*) < 0$ を考えてみる．テイラー展開を使うと，

$$f(\mathbf{x}^*+\Delta \mathbf{x})-f(\mathbf{x}^*) = \nabla f(\mathbf{x}^*)^T \Delta \mathbf{x} + \frac{1}{2} \Delta \mathbf{x}^T \mathbf{H}(\mathbf{x}^*) \Delta \mathbf{x} + \cdots < 0$$

となる．

これが成り立つためには，$\nabla f(\mathbf{x}^*)^T \Delta \mathbf{x} = 0$ でなければならない．これは，以下のようにしてわかる．まず，微小な $\Delta \mathbf{x}$ について，重要なのは，最初の項である．これが，正になると後の項で「挽回」できない．そのため，$\nabla f(\mathbf{x}^*)^T \Delta \mathbf{x} \leq 0$ であってほしい．ところで，$\nabla g(\mathbf{x}^*)^T \Delta \mathbf{x} = 0$ を満たすある $\Delta \mathbf{x}$ について，$\nabla f(\mathbf{x}^*)^T \Delta \mathbf{x} < 0$ だったとする．それを，$\boldsymbol{\varepsilon}$ と表すことにする．つま

り，ε は $\nabla g(\mathbf{x}^*)^T \varepsilon = 0$ および $\nabla f(\mathbf{x}^*)^T \varepsilon < 0$ を満たす．この時，$\Delta \mathbf{x} = -\varepsilon$ という別な微小変化を考えてみる．すると，
$$\nabla g(\mathbf{x}^*)^T \Delta \mathbf{x} = \nabla g(\mathbf{x}^*)^T (-\varepsilon) = -\nabla g(\mathbf{x}^*)^T \varepsilon = 0$$
となり，前半の条件を満たす．また，
$$\nabla f(\mathbf{x}^*)^T \Delta \mathbf{x} = \nabla f(\mathbf{x}^*)^T (-\varepsilon) = -\nabla f(\mathbf{x}^*)^T \varepsilon > 0$$
となる．困ったことに，後半の条件を満たさない．というわけで，必ず，$\nabla f(\mathbf{x}^*)^T \Delta \mathbf{x} = 0$ でないといけないということになる．どのような，$\Delta \mathbf{x} \, (\neq \mathbf{0})$ についても，$\nabla g(\mathbf{x}^*)^T \Delta \mathbf{x} = 0$ かつ $\nabla f(\mathbf{x}^*)^T \Delta \mathbf{x} = 0$ が成り立つということは，$\nabla g(\mathbf{x}^*)$ と $\nabla f(\mathbf{x}^*)$ は平行であり，適切にスカラー λ を選ぶと
$$\nabla f(\mathbf{x}^*) = \lambda \nabla g(\mathbf{x}^*)$$
と書けなければならない．変形すると，
$$\nabla [f(\mathbf{x}^*) - \lambda g(\mathbf{x}^*)] = \mathbf{0}$$
となる．ナブラをとる前の関数を**ラグランジュ関数**と呼ぶ．また，スカラー λ を**ラグランジュの未定乗数**と呼ぶ．ラグランジュ関数は以下のように表すことができる．
$$L(\mathbf{x}, \lambda) = f(\mathbf{x}) - \lambda g(\mathbf{x})$$
ラグランジュ関数は，[目的関数] − [ラグランジュの未定乗数] × [制約条件関数] という形になっている．（なお，符号は逆でも同じように成り立つので，[目的関数] + [ラグランジュの未定乗数] × [制約条件関数] と定義しても良い．以下で，$\lambda = -\Lambda$ と代入して，Λ について書き直せば，この定義に則った内容に置き換わる．）よって，$\nabla L(\mathbf{x}^*, \lambda) = \mathbf{0}$ が成り立つ．これが一階の条件となる．

以上をまとめると，一階の条件式は以下のようになる．
FOC：$L(\mathbf{x}, \lambda) = f(\mathbf{x}) - \lambda g(\mathbf{x})$ と定義すると，
$$\frac{\partial L(\mathbf{x}, \lambda)}{\partial x_i} = \frac{\partial f(\mathbf{x})}{\partial x_i} - \lambda \frac{\partial g(\mathbf{x})}{\partial x_i} = 0 \qquad i = 1, \ldots, n$$
$$\frac{\partial L(\mathbf{x}, \lambda)}{\partial \lambda} = -g(\mathbf{x}) = 0$$

練習問題 4-4 以下の問題を解け．（1階の条件式を解くだけで良い．）

$$\max_{x,y} f(x,y) = x+y$$
$$\text{s.t.} \quad g(x,y) = x^2+y^2-1 = 0$$

練習問題 4-5 「$\max_{\mathbf{x}} f(\mathbf{x})$ s.t. $g(\mathbf{x}) = 0$」と「$\min_{\mathbf{x}} -f(\mathbf{x})$ s.t. $g(\mathbf{x}) = 0$」とは，1階の条件が同じになることを示せ．

練習問題 4-6 $\max_{\mathbf{x}} f(\mathbf{x}) = \mathbf{x}^T \mathbf{A} \mathbf{x}$ s.t. $\mathbf{x}^T \mathbf{x} = 1$
つまり
$$\max_{x_1,\cdots,x_n} f(\mathbf{x}) = [x_1 \cdots x_n] \mathbf{A} \begin{bmatrix} x_1 \\ \vdots \\ x_n \end{bmatrix} \quad \text{s.t.} \quad x_1^2 + \cdots + x_n^2 = 1$$

$\mathbf{A}$ は対称行列（対応する成分が同じ：$a_{ij} = a_{ji}$）とする．$\mathbf{x}^*$ がこの問題の解の時，$f(\mathbf{x}^*)$ は $\mathbf{A}$ の最大固有値に等しいことを示せ．またどのようなとき $f(\mathbf{x}^*) = 0$ となるだろうか．（わからないときは，$\mathbf{A}$ が2次の行列の場合を考えよ．）

さて，せっかくラグランジュの未定乗数を求めているので，これも何かに使えると良い．実は，ラグランジュの未定乗数の最適解 λ^* は経済学では影の価格（shadow price）と呼ばれる，貴重な情報を与えるものになっている．これを説明しよう．

以下の問題を考えてみる
$$\max_{\mathbf{x}} z = f(\mathbf{x})$$
$$\text{s.t.} \quad g(\mathbf{x}) = \varepsilon$$

これは，制約条件を ε だけ緩めた問題である．この問題のラグランジュ関数は，
$$L(\mathbf{x}, \lambda, \varepsilon) = f(\mathbf{x}) - \lambda[g(\mathbf{x}) - \varepsilon]$$
と書くことができる．$\varepsilon = 0$ の時の解を * をつけて表すと，
$$\partial L(\mathbf{x}^*, \lambda^*, 0)/\partial \varepsilon = \lambda^*$$
つまり，λ^* は制約条件を緩めた時にどれだけ目的関数が増加するかの割合を示している．

(2) 一般の場合の1階の条件

等式制約条件が複数あるような一般の場合も基本的には同様である．一般の場合の最大化問題は以下のようになる．

$$\max_{\mathbf{x}} f(\mathbf{x}) = f(x_1, \cdots, x_n)$$
$$\text{s.t.} \quad g_1(\mathbf{x}) = g_1(x_1, \cdots, x_n) = 0$$
$$g_2(\mathbf{x}) = g_2(x_1, \cdots, x_n) = 0$$
$$\vdots$$
$$g_m(\mathbf{x}) = g_m(x_1, \cdots, x_n) = 0$$

等式制約条件は m 個ある．

まずは直感的なイメージを述べると，最初の犬の散歩の例でいうと，今度の問題では，「散歩道」が m 個の制約条件を示す「面」の「交線」として表現され，それぞれの面に垂直な方向に綱を引く m 人の飼い主が，目的関数が最も増える方向に引っ張る1匹の犬を引っ張って，散歩道上に止まらせるような状況になる．ちょうど極大値を与える点では，これらが釣り合う状況となる．つまり，適切なウェイト $(\lambda_1, \cdots, \lambda_m)$ をとって，

$$\nabla f = \lambda_1 \nabla g_1 + \cdots + \lambda_m \nabla g_m$$

となるため，これを変形し，

$$\nabla(f - \lambda_1 \nabla g_1 - \cdots - \lambda_m \nabla g_m)$$

となり，ナブラをとる前の（ ）の中の関数がラグランジュ関数となり，$(\lambda_1, \cdots, \lambda_m)$ がラグランジュの未定乗数となる．導出は省略し，結果だけ述べると，まず，ラグランジュ関数を

$$L(\mathbf{x}, \boldsymbol{\lambda}) = f(\mathbf{x}) - \sum_{j=1}^{m} \lambda_j g_j(\mathbf{x})$$

と定義する．すると，一階の条件は以下のように書くことができる．

FOC：
$i = 1, \cdots, n$ について

$$\frac{\partial L}{\partial x_i} = \frac{\partial f}{\partial x_i} - \sum_{j=1}^{m} \lambda_j \frac{\partial g_j}{\partial x_i} = 0$$

$j = 1, \cdots, m$ について

$$\frac{\partial L}{\partial \lambda_j} = -g_j(\mathbf{x}) = 0$$

(3) 2階の条件

　上で，1階の条件を示したが，等式制約条件がない場合と同様，これらは，極値の必要条件として，制約条件を満たす可能解集合の中でちょうど「平らになっている」ことを表しているだけなので，これだけでは，極大値はどうかはもちろん，実際には極小値の可能性もある．極大値であることを確認するためには，2階の条件が必要となる．その条件を以下で記載するが，これは，やや面倒な条件となる．（そのため，覚える必要はないが，そのような条件があるということだけ知っておくと良いので，ここに，備忘録的に書いておく．）

　2階の条件（十分条件）は下記の①または②のように書くことができる（**注4-2**）．

①$\mathbf{H} = (L \text{ の } \mathbf{x} \text{ についての2次偏微分係数行列})$ がすべての等式制約条件を満たす $\mathbf{x}$ に関して極値点で負値になる．

②縁つきヘッセ行列（bordered Hessian）の最後の $n-m$ 個の首座小行列式が $(-1)^{m+1}, \cdots, (-1)^n$ と符号が変化する．

なお，縁つきヘッセ行列 $\mathbf{H}_B$ とは，以下のように定義される．

$$\mathbf{H}_B = \begin{bmatrix} \mathbf{O} & \mathbf{J} \\ \mathbf{J}^T & \mathbf{H} \end{bmatrix}$$

ただし，$\mathbf{O}$ は m 行 m 列の行列ですべての要素が 0 であるような行列，$\mathbf{J}$ はヤコビ行列で

$$\mathbf{J} = \begin{bmatrix} \frac{\partial g_1}{\partial x_1} & \cdots & \frac{\partial g_1}{\partial x_n} \\ \vdots & \ddots & \vdots \\ \frac{\partial g_m}{\partial x_1} & \cdots & \frac{\partial g_m}{\partial x_n} \end{bmatrix}$$

と定義される行列，$\mathbf{J}^T$ は $\mathbf{J}$ の転置行列，$\mathbf{H}$ は L を $\mathbf{x}$ で2階偏微分したヘッセ行列で

4-5 等式制約条件のある場合

$$\mathbf{H} = \begin{bmatrix} \dfrac{\partial^2 L}{\partial x_1^2} & \cdots & \dfrac{\partial^2 L}{\partial x_1 \partial x_n} \\ \vdots & \ddots & \vdots \\ \dfrac{\partial^2 L}{\partial x_n \partial x_1} & \cdots & \dfrac{\partial^2 L}{\partial x_n^2} \end{bmatrix}$$

で定義される行列である.

注4-2 最小化問題の2階の条件
　最小化問題では,bordered Hessian の小行列式は全て $(-1)^m$ の符号でなければならない.

(4) ヤコビの条件

　ラグランジュの未定乗数法は便利だが,どんな場合も使えるわけではない.極大値において,目的関数の勾配が制約条件の関数の勾配で構成されるベクトルとは独立になる場合は,

$$\nabla f = \lambda_1 \nabla g_1 + \cdots + \lambda_m \nabla g_m$$

というように表すことができないので,使えないことになる.これは,

$$\nabla g_1, \cdots, \nabla g_m$$

が一次従属になってしまうときに起きる.そのため,ラグランジュ未定乗数法が使えるための条件は,

「g のヤコビ行列(Jacobian matrix)$\mathbf{J}$ が最適値 $\mathbf{x}^*$ においてランク落ちがないこと,すなわち,$\rho(\mathbf{J}(\mathbf{x}^*)) = m$」

である.これを**ヤコビの条件**という.なお,g のヤコビ行列は,

$$\mathbf{J} = \begin{bmatrix} \dfrac{\partial g_1}{\partial x_1} & \cdots & \dfrac{\partial g_1}{\partial x_n} \\ \vdots & \ddots & \vdots \\ \dfrac{\partial g_m}{\partial x_1} & \cdots & \dfrac{\partial g_m}{\partial x_n} \end{bmatrix}$$

で定義される.
　ヤコビの条件を満たさない例を一つ示そう.

$$\max_{x,y,z} f(x, y, z) = x$$

s.t. $g_1(x, y, z) = y - 1 = 0, g_2(x, y, z) = x^2 + y^2 + z^2 - 1 = 0$

この問題では，可能解（制約条件を満たす解）は，$(x, y, z) = (0, 1, 0)$ しかないので，必然的に，最大値を与える最適解も $(x, y, z) = (0, 1, 0)$ となる．これらの関数の最適解における勾配を計算してみると，

$$\nabla f(0, 1, 0) = \begin{bmatrix} 1 \\ 0 \\ 0 \end{bmatrix}, \nabla g_1(0, 1, 0) = \begin{bmatrix} 0 \\ 1 \\ 0 \end{bmatrix}, \nabla g_2(0, 1, 0) = \begin{bmatrix} 0 \\ 2 \\ 0 \end{bmatrix}$$

となる．$\nabla g_1(0, 1, 0)$ と $\nabla g_2(0, 1, 0)$ は一次従属となっており，ヤコビ行列 **J** は

$$\mathbf{J} = \begin{bmatrix} 0 & 1 & 0 \\ 0 & 2 & 0 \end{bmatrix}$$

となり，このランクは1でランク落ちしている．つまり，ヤコビの条件を満たしていない．図解してみるとわかるが，制約条件を表す関数がちょうど最適解で接しているために，目的関数が増加する方向とは直交する方向に制約条件の関数の勾配が向いてしまっている．そのため，ラグランジュの未定乗数法が使えなくなっている．

4-6　不等式制約条件のある場合

不等式制約条件がある場合もこれまでに習得した手法を応用すれば求めることができる．ただし，若干の追加的な知識が必要である．まずは，それについて，1次元の場合の簡単な問題で考えてみることにする．

以下の問題の1階の条件を考えてみよう．

$$\max_x h(x)$$

s.t. $x \geq 0$

実際には，極大値を求める．この問題は，2つのケースを考えれば良い（**図4-8**）．

① $x = 0$ で極大になる場合

この場合は，局所的には，$x = 0$ で増加していなければ（つまり，傾きが正でなければ）良い．よって，$h'(x) \leq 0$ であれば良い．（これは必要条件であ

4-6 不等式制約条件のある場合

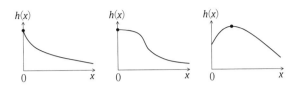

図 4-8 $h(x)$ が極大値になる場合

(左と中央は $x = 0$ で極大,右は $x > 0$ で極大)

る.)

② $x > 0$ で極大になる場合

この場合は,$x > 0$ という条件を満たせば,あとは,制約条件がない場合の極大の条件と同じなので,$h'(x) = 0$ であれば良い.

以上の2つの条件をまとめると,以下のように表すことができる.

$$xh'(x) = 0, x \geq 0, h'(x) \leq 0$$

上記の①または②のこのまとめた条件とは,数学的には同値である.

さて,x に関する不等式の制約がない場合の1階の条件は,$h'(x) = 0$ だけである.つまり,$x \geq 0$ という制約条件が加わると,1階の条件は,

$$h'(x) = 0$$

のかわりに,

$$xh'(x) = 0, \ x \geq 0, \ h'(x) \leq 0$$

と書き直せば良いことになる.

実は,このことだけ知っていれば,あとはラグランジュの未定乗数法を使うと,不等式制約下の最適化問題の1階の条件を導き出すことができる.

(1) 2変数1条件式の場合

まずは,簡単のために,2変数1条件式の場合について考えてみよう.以下の問題を考える.

$$\max_{x,y} f(x,y) \quad \text{s.t.} \quad g(x,y) \leq 0, \ x \geq 0, \ y \geq 0$$

(実際には,不等式制約条件という意味では3つも条件式があるが,変数が0以上というのではない形の条件式は1つだけという意味で,1条件式としてい

る．)

この問題で，$x \geq 0$ とか $y \geq 0$ などは，上で $h(x)$ の最適化の例で述べたような方法で対応できそうだが，$g(x, y) \leq 0$ という条件式だけちょっと扱いにくそうである．ここで一つ工夫をする．0以上となる新たな変数 s を導入し，$g(x, y) \leq 0$ という不等式制約条件を，等式制約条件と $s \geq 0$ という変数が0以上という条件に置き換えるのである．

具体的には，$g(x, y) \leq 0$ を
$$g(x, y) + s = 0, \ s \geq 0$$
と書き直すのである．このように不等式を等式にするために導入される変数を**スラック変数**（slack variable）と呼ぶ．これによって，等式制約条件についてはラグランジュの未定乗数法を用いれば良く，また，変数が0以上という条件については，上の $h(x)$ の例で述べた手法を用いて対応ができるようになる．
$$\max_{x,y} f(x, y) \quad \text{s.t.} \quad g(x, y) \leq 0, \ x \geq 0, \ y \geq 0$$
という問題は
$$\max_{x,y} f(x, y) \quad \text{s.t.} \quad g(x, y) + s = 0, \ x \geq 0, \ y \geq 0, \ s \geq 0$$
となる．

まずは，変数の不等式制約を無視して，1階の条件を求めてみる．ラグランジュ関数を以下のように定義すると，
$$L(x, y, s, \lambda) = f(x, y) - \lambda [g(x, y) + s]$$
変数の不等式制約を無視した1階の条件は，
$$\frac{\partial L}{\partial x} = 0, \ \frac{\partial L}{\partial y} = 0, \ \frac{\partial L}{\partial s} = 0$$
となる．さて，ここで，変数の不等式制約があるために，1階の条件を置き換えていく．まず，$x \geq 0$ であるから，
$$\frac{\partial L}{\partial x} = 0$$
は，
$$x \frac{\partial L}{\partial x} = 0, \ x \geq 0, \ \frac{\partial L}{\partial x} \leq 0$$
と置き換える．同様に，$y \geq 0, \ s \geq 0$ であるために，

4-6 不等式制約条件のある場合

$$\frac{\partial L}{\partial y} = 0 \;\rightarrow\; y\frac{\partial L}{\partial y} = 0,\; y \geq 0,\; \frac{\partial L}{\partial y} \leq 0$$

$$\frac{\partial L}{\partial s} = 0 \;\rightarrow\; s\frac{\partial L}{\partial s} = 0,\; s \geq 0,\; \frac{\partial L}{\partial s} \leq 0$$

と置き換わる．よって，新たな1階の条件（FOC）は以下の9つの式となる．

$$x\frac{\partial L}{\partial x} = 0,\; x \geq 0,\; \frac{\partial L}{\partial x} \leq 0$$

$$y\frac{\partial L}{\partial y} = 0,\; y \geq 0,\; \frac{\partial L}{\partial y} \leq 0$$

$$s\frac{\partial L}{\partial s} = 0,\; s \geq 0,\; \frac{\partial L}{\partial s} \leq 0$$

さて，$L(x, y, s, \lambda) = f(x, y) - \lambda[g(x, y) + s]$ であるから，

$$\frac{\partial L}{\partial s} = -\lambda$$

となる．また，$g(x, y) + s = 0$ であるから，

$$s = -g(x, y)$$

である．よって，最後の3つの式は，以下のようになる．

$$s\frac{\partial L}{\partial s} = 0,\; s \geq 0,\; \frac{\partial L}{\partial s} \leq 0 \rightarrow -g(x,y)(-\lambda) = 0,\; -g(x,y) \geq 0,\; -\lambda \leq 0$$

$$\rightarrow \lambda g(x, y) = 0,\; g(x, y) \leq 0,\; \lambda \geq 0$$

結果として，FOC は以下の9つの式に置き換わる．

$$x\frac{\partial L}{\partial x} = 0,\; x \geq 0,\; \frac{\partial L}{\partial x} \leq 0$$

$$y\frac{\partial L}{\partial y} = 0,\; y \geq 0,\; \frac{\partial L}{\partial y} \leq 0$$

$$\lambda g(x, y) = 0,\; g(x, y) \leq 0,\; \lambda \geq 0$$

これが，**Karush-Kuhn-Tucker（KKT）条件**と呼ばれる最適化の条件である（**注4-3**）．（これは，1階の条件なので，必要条件にしかなっていない．でも，これを解けば最適解の候補を絞り込むことができる．）

なお，上記の9条件式は，以下のように8つの条件式にまとめて書かれることもある．（ただ，実際に解くときには，上の9条件式を用いた方が楽！）これは，非負，非正の値の積は非正になるために，積がそれぞれ0であるという

条件と，積の和が0になるという条件が同値になるからである．

$$x\frac{\partial L}{\partial x}+y\frac{\partial L}{\partial y}=0,\ x\geq 0,\ \frac{\partial L}{\partial x}\leq 0,\ y\geq 0,\ \frac{\partial L}{\partial y}\leq 0$$

$$\lambda g(x,y)=0,\ g(x,y)\leq 0,\ \lambda\geq 0$$

この条件のなかでは，新たに導入したスラック変数 s は現れない．また，

$$L(x,y,\lambda)=f(x,y)-\lambda g(x,y)$$

と定義しても，同じ条件式となる．そのため，最終的なKKT条件は，このように L を定義したときの8条件式と考えて良い．

> **注4-3** Karush-Kuhn-Tucker 条件
> この条件は，もともと Kuhn-Tucker 条件と呼ばれていた．Kuhn と Tucker の研究で有名になった条件だからである．ところが，その後の調査で，彼らが発見する前に，Karush という数学者が彼の修士研究で導出していたことがわかり，3名連記となった．

(2) 一般の場合

それでは，もっと，一般的な場合について考えてみよう．一般の場合の問題は，以下のようになる．

$$\max_{\mathbf{x}} f(\mathbf{x})$$
$$\text{s.t.}\ g_j(\mathbf{x})\leq 0 \quad j=1,\cdots,m$$
$$\mathbf{x}\geq\mathbf{0}$$

ただし，ベクトルの不等式は，不等式が要素毎に成り立つという意味である．

この場合も，同様にスラック変数を導入して m 個ある不等式を等式条件に直す．m 個の条件式があるので，スラック変数も m 個必要となるが，それを m 次元のベクトル $\mathbf{s}(\geq\mathbf{0})$ で表すことにする．すると，そのときのラグランジュ関数 L は以下のように書くことができる．

$$L(\mathbf{x},\mathbf{s},\boldsymbol{\lambda})=f(\mathbf{x})-\sum_{j=1}^{m}\lambda_j[g_j(\mathbf{x})+s_j]$$

前節と同様に導いていけば，以下の条件を導き出すことができる．

$$\sum_{i=1}^{n}x_i\frac{\partial L}{\partial x_i}=0$$

4-6 不等式制約条件のある場合

$$\frac{\partial L}{\partial x_i} \leq 0, \ x_i \geq 0 \qquad i = 1, \cdots, n$$

$$\sum_{j=1}^{m} \lambda_j g_j(\mathbf{x}) = 0$$

$$g_j(\mathbf{x}) \leq 0, \ \lambda_j \geq 0 \qquad j = 1, \cdots, m$$

やはり前節と同様に，これらは，スラック変数が含まれない式になっており，かつ，関数 L を

$$L(\mathbf{x}, \boldsymbol{\lambda}) = f(\mathbf{x}) - \sum_{j=1}^{m} \lambda_j g_j(\mathbf{x})$$

と定義しても同じ条件となる．そこで，最終的な **KKT条件**は，この L の定義を採用し，

$$\sum_{i=1}^{n} x_i \frac{\partial L}{\partial x_i} = 0$$

$$\frac{\partial L}{\partial x_i} \leq 0, \ x_i \geq 0 \qquad i = 1, \cdots, n$$

$$\sum_{j=1}^{m} \lambda_j g_j(\mathbf{x}) = 0$$

$$g_j(\mathbf{x}) \leq 0, \ \lambda_j \geq 0 \qquad j = 1, \cdots, m$$

となる．

練習問題 4-7 以下の問題
$$\max_{x,y} \quad x^2 + y^2$$
$$\text{s.t.} \quad x+y-2 \leq 0, \ x-2 \leq 0, \ x, y \geq 0$$
を KKT 条件を使って解け．

練習問題 4-8 以下の問題
$$\max_{x,y} \quad x^2 + y^2$$
$$\text{s.t.} \quad x-2 \leq 0, \ x-2 \leq 0, \ x, y \geq 0$$
を KKT 条件を使って解け．

練習問題 4-9 以下の問題の KKT 条件を導け．
$$\max_{\mathbf{x}} \quad \mathbf{c}^T \mathbf{x} + (1/2) \mathbf{x}^T \mathbf{D} \mathbf{x} \quad \text{s.t.} \quad \mathbf{A}\mathbf{x} - \mathbf{b} \leq \mathbf{0}, \ \mathbf{x} \geq \mathbf{0}$$

ただし，$\mathbf{D}$ は負値行列（つまり，どんな $\mathbf{x} \neq \mathbf{0}$ についても $\mathbf{x}^\mathrm{T}\mathbf{D}\mathbf{x} < 0$ となる行列）とする．なお，わからない場合は，$\mathbf{x}$ が2次元の問題を解けばよい．

4-7 線形計画問題

ここでは，非線形計画問題の特殊な場合としての**線形計画問題**（LP = linear programming）について考えてみる．線形計画問題とは，目的関数も制約条件を表す関数もすべて線形の式となっているものである．すなわち，以下のような問題である．

$$\max_{\mathbf{x}} f(\mathbf{x}) = \mathbf{c}^\mathrm{T}\mathbf{x} \quad \text{s.t.} \quad \mathbf{A}\mathbf{x} \leq \mathbf{b},\ \mathbf{x} \geq \mathbf{0}$$

これを書き下すと以下のようになる．

$$\max_{x_1,\cdots,x_n} f(x_1,\cdots,x_n) = c_1 x_1 + \cdots + c_n x_n$$

s.t. $a_{11}x_1 + \cdots + a_{1n}x_n \leq b_1$

$\quad\quad \vdots$

$\quad\quad a_{m1}x_1 + \cdots + a_{mn}x_n \leq b_m$

$\quad\quad x_1,\cdots,x_n \geq 0$

具体例から始めよう．まずは，以下の問題（図4-9）を考えてみる．

$$\max_{x,y} f(x,y) = x+y$$

s.t. $2x+y \leq 6$

$\quad\quad x+2y \leq 6$

$\quad\quad x,y \geq 0$

制約条件を満たす領域は，$(0,0), (3,0), (2,2), (0,3)$ を結んだ四角形である．この領域を通る，原点から最も遠い $x+y=c$ という直線を求めれば良い．最適解は明らかに，$(2,2)$ であり，その時の最適値は4となる．制約条件を満たす領域（可能解集合）は必ず多角形となり，最適解の一つは必ずそのどこかの頂点となることが直感的に理解できるだろう．

実際，一般の場合は，制約条件を満たす領域（可能解集合）は n 次元の多面体であり，やはり，最適解の一つはそのどこかの頂点となる．これは，線形計画問題であるがゆえの特殊性であり，そのために，線形計画問題では，シン

4-7 線形計画問題

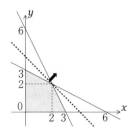

図4-9 線形計画問題の例

プレックス法と呼ばれる，頂点を順にたどって，最適解を求める方法が開発されている．

ところで，想像を逞しくしてみると，以下の4つの解の可能性があることがわかる．

①唯一解あり：可能解集合の頂点の一つが唯一の最適解となる．
②多数解あり：可能解集合の複数の頂点を含む可能解集合の一つの「辺」もしくは「面」が最適解となる．
③発散して解なし：可能解が広すぎて，最大化問題では最適値が ∞ に，最小化問題では最適値が $-\infty$ に発散してしまう．
④可能解なし：制約条件を満たす可能解領域が存在しない．

当然に，上記の①もしくは②の場合しか，解くことはできない．

それでは，最初の一般的な問題の1階の条件を求めてみよう．そのためには，前節で求めたKKT条件を使えば良い．以下の説明の便のために，あえて，ラグランジュの未定乗数ベクトルを $\mathbf{y}$ で表すことにする．まずは，関数 $L(\mathbf{x}, \mathbf{y})$ は以下のように定義して良い．

$$L(\mathbf{x}, \mathbf{y}) = f(\mathbf{x}) - \sum_{j=1}^{m} y_j g_j(\mathbf{x}) = \mathbf{c}^{\mathrm{T}}\mathbf{x} - \mathbf{y}^{\mathrm{T}}(\mathbf{A}\mathbf{x} - \mathbf{b})$$

KKT条件は，以下のようになる．（ベクトルと行列の演算になれていない人は，実際に，2次元程度の簡単な例で実際に書き下してみると良い．）

$$\sum_{i=1}^{n} x_i \frac{\partial L}{\partial x_i} = 0 \quad \rightarrow \quad \mathbf{x}^{\mathrm{T}}(\mathbf{c} - \mathbf{A}^{\mathrm{T}}\mathbf{y}) = 0$$

$$\frac{\partial L}{\partial x_i} \leq 0,\ x_i \geq 0 \quad i = 1, \cdots, n \quad \rightarrow \quad \mathbf{c} - \mathbf{A}^{\mathrm{T}}\mathbf{y} \leq \mathbf{0},\ \mathbf{x} \geq \mathbf{0}$$

$$\sum_{j=1}^{m} y_j g_j(\mathbf{x}) = 0 \quad \rightarrow \quad \mathbf{y}^T(\mathbf{Ax}-\mathbf{b}) = 0$$

$$g_j(\mathbf{x}) \leq 0,\ y_j \geq 0 \quad j = 1, \cdots, m \quad \rightarrow \quad \mathbf{Ax}-\mathbf{b} \leq \mathbf{0},\ \mathbf{y} \geq \mathbf{0}$$

整理すると,以下のようになる.

$$\mathbf{x}^T(\mathbf{c}-\mathbf{A}^T\mathbf{y}) = 0,\ \mathbf{c}-\mathbf{A}^T\mathbf{y} \leq \mathbf{0},\ \mathbf{x} \geq \mathbf{0}$$

$$\mathbf{y}^T(\mathbf{Ax}-\mathbf{b}) = 0,\ \mathbf{Ax}-\mathbf{b} \leq \mathbf{0},\ \mathbf{y} \geq \mathbf{0}$$

さて,これらの条件式は,形式的に以下のように書き換えても,全く同じ条件式となる.

$$\mathbf{x} \leftrightarrow \mathbf{y}$$
$$\mathbf{A} \leftrightarrow -\mathbf{A}^T$$
$$\mathbf{b} \leftrightarrow -\mathbf{c}$$

ということは,同じ置き換えを最初の問題で置き換えた問題も,同じ解になるはずである.実際に置き換えてみると,

[最初の問題] $\max_{\mathbf{x}} \mathbf{c}^T\mathbf{x}$ s.t. $\mathbf{Ax}-\mathbf{b} \leq \mathbf{0},\ \mathbf{x} \geq \mathbf{0}$

[置き換えた問題] $\max_{\mathbf{y}} -\mathbf{b}^T\mathbf{y}$ s.t. $-\mathbf{A}^T\mathbf{y}+\mathbf{c} \leq \mathbf{0},\ \mathbf{y} \geq \mathbf{0}$

この置き換えた問題を符号に注意して整理すると,以下のようになる.

[置き換えた問題] $\min_{\mathbf{y}} \mathbf{b}^T\mathbf{y}$ s.t. $\mathbf{A}^T\mathbf{y}-\mathbf{c} \geq \mathbf{0},\ \mathbf{y} \geq \mathbf{0}$

この関係は双対であると言われ,最初の問題を**主問題**とすれば,置き換えた問題は**双対問題**と言われる.双対問題で,再度置き換えを行えば,また主問題にもどる.そのため,置き換えた問題を主問題と言うことにすれば,最初の問題が双対問題ということなる.主問題が与えられた時に,双対問題の方が解きやすい場合には,この関係を使って,双対問題を解いて,主問題の答えとすることができる.最初の例が主問題とすると,双対問題は以下のようになる.

$$\min_{x,y} F(p,q) = 6p+6q$$

s.t. $2p+q \geq 1$

$p+2q \geq 1$

$p, q \geq 0$

最初の問題が最大化問題だったのに対して,置き換えた問題は最小化問題となっている.もう一つ,重要なことは,主問題の最適値と双対問題の最適値が一

致することである.これを示すために,まずは,主問題と双対問題を以下のように定義する.

[主問題] $\max_{\mathbf{x}} f(\mathbf{x}) = \mathbf{c}^T\mathbf{x}$ s.t. $\mathbf{Ax} - \mathbf{b} \leq \mathbf{0}, \mathbf{x} \geq \mathbf{0}$

[双対問題] $\min_{\mathbf{y}} F(\mathbf{y}) = \mathbf{b}^T\mathbf{y}$ s.t. $\mathbf{A}^T\mathbf{y} - \mathbf{c} \geq \mathbf{0}, \mathbf{y} \geq \mathbf{0}$

その上で,主問題の最適解を $\mathbf{x}^*$,双対問題の最適解を $\mathbf{y}^*$ とする.すると,それぞれの可能解(制約条件を満たす解)との間には以下の関係がある.

$$f(\mathbf{x}) \leq f(\mathbf{x}^*), F(\mathbf{y}) \geq F(\mathbf{y}^*)$$

ところで,最適解は1階の条件を満たすので,

$$f(\mathbf{x}^*) = \mathbf{c}^T\mathbf{x}^* = \mathbf{y}^{*T}\mathbf{Ax}^* = \mathbf{b}^T\mathbf{y}^* = F(\mathbf{y}^*)$$

となる(注4-4).これより,以下のことが言える.

$$f(\mathbf{x}) \leq f(\mathbf{x}^*) = F(\mathbf{y}^*) \leq F(\mathbf{y})$$

というわけで,以下の定理が成り立つ.

存在定理　線形計画問題の最適解が存在する必要十分条件は,主問題,双対問題ともに可能解が存在することである.
(上の不等式で,上限と下限が有限なので,最適値が存在することになる.)
双対定理　線形計画問題で $\mathbf{x}^*$ が最適解である必要十分条件は,$f(\mathbf{x}^*) = F(\mathbf{y})$ なる $\mathbf{y}$ が存在することである.

　線形計画法でよく用いられる解法としては,単体法(simplex method)が有名である.詳細は例えば,森口(1973)や関根(1983)を参照されたい.これは,可能解集合の頂点のみをたどって最適解を見つけていく方法である.これに対して,アメリカのAT&T研究所のKarmarkarによって効率的な算法が示された.これは可能解集合の内部に居ながら最適解に近づいていくという全く原理の異なる方法である.また,これを特許としたために,オペレーションズ・リサーチの分野ではかなり話題にもなった.なお,最適化問題を解いてくれるソフトウェアも多々ある.そのため,標準的な問題を解く場合は,その

ようなソフトウェアを使えば良い．ただし，特殊な手法を用いる場合は，自分でコーディングしなければならないこともある．

注4-4 ここでは，以下の性質を使っている．$\mathbf{a}$ および $\mathbf{x}$ を $n \times 1$ のベクトル，$\mathbf{y}$ を $m \times 1$ のベクトル，$\mathbf{A}$ を $m \times n$ の行列とすると，以下の等式が成り立つ．

$\mathbf{a}^T \mathbf{x} = \mathbf{x}^T \mathbf{a}$
$\mathbf{y}^T \mathbf{A} \mathbf{x} = \mathbf{x}^T \mathbf{A}^T \mathbf{y}$

4-8 最適化問題の数値解法

ここまでは，最適化問題を数式で解く方法を述べてきた．しかし，実際には，数式で解けない問題や，数式で解くのが大変な問題も多い．そのような場合の実際的な方法は，数値的に解いてしまう方法である．実務的には，数値的に最適解がわかればよいということも多々ある．そこで，本節ではそのための基礎的な手法について概説する．

(1) 1変数の最適化

まずは，1変数の最適化の場合について考えてみよう．具体的に検討する問題は，以下である．

$$\min_x f(x)$$

これは，制約条件もなく，もっとも簡単な感じがするかもしれない．しかし，関数 f が複雑な場合は，これだけでも十分に難しくなりうる．

① 2分法

まずは，f の1階微分までは求めることができたとする．その場合は，1階の条件

$$f'(x) = 0$$

を解けば良い．ここでは，この導関数は連続関数であると仮定する．この式を x について直接解ければ良いが，それならば，わざわざ数値解法をとる必要は

ない.そこで,これを解くのが大変だとする.その場合には以下の手順で,1階の条件の解の一つを見つける.

$f'(a) < 0 < f'(b)$ となるような,a, b を見つける.($a < b$ でも $a > b$ でも良い.)$f'(x)$ が連続ならば,a〜b の区間に必ず1つは $f'(x) = 0$ となる点が存在するはずである.以下,この区間を2分割して,範囲を狭めていく.

$f'\left(\dfrac{a+b}{2}\right)$ の値を計算する.それがたまたま0ならば求める解となる.そうでない場合に,正ならば新たな探索区間を a〜$(a+b)/2$ とし,負ならば新たな探索区間を $(a+b)/2$〜b とする.

このようにして,端点では必ず $f'(x)$ の値が正負で挟まれるようにして,区間を狭めていき,必要な精度が得られたら終わりにする.

2分法は,簡単ではあるが,1回の操作で,区間が半分になるだけなので,やや効率性に欠ける点が問題である.

②ニュートン法

もしも,f の2階微分まで求めることができれば,かなり効率的に解の探索ができる.その方法として,**ニュートン法**を説明する.

まずは,初期値として,適当に x の値を定め,それを x_0 とする.そこで,$y = f'(x)$ のグラフに接線を引き,接線が x 軸と交わった点を新たに x_1 とする.これは,$y = f'(x)$ という関数を直線で近似していることと同じである.このように接線を引く場所を更新していき,必要な精度が得られたら,終わりとする(**図 4-10**).

$x = x_i$ における接線の方程式は,
$$y - f'(x_i) = f''(x_i)(x - x_i)$$
となるので,更新された次の点 x_{i+1} は
$$0 - f'(x_i) = f''(x_i)(x_{i+1} - x_i)$$
を解いて,
$$x_{i+1} = x_i - \frac{f'(x_i)}{f''(x_i)}$$
となる.この計算を繰り返して,収束させていく.

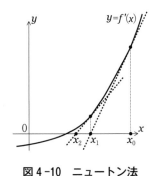

図 4-10　ニュートン法

この方法は，二分法よりも収束が早い．

③降下法

上では，基本的に 1 階の条件を数値的に解く方法を考えてきた．しかし，より直接的に関数値が減少する方向に進んでいく方法もありうる．そのような方法を総称して**降下法**と呼んでいる．例えば，初期値 x_0 からはじめて，f が減少する方向に動くとする．1 次元の場合には，初期値よりも x を増やすか，減らすかの選択肢しかない．$x = x_0$ における $y = f(x)$ の傾きは，$f'(x)$ であるため，減少する方向は $-f'(x)$ の符号の方向である．すなわち，$f'(x)$ が正ならば負の方向へ，逆に負ならば正の方向に動けば良い．そこで，ステップ幅（これは，変えていって良い）を $t\,(>0)$ として，$f'(x)$ が正ならば $x_1 = x_0 - t$，負ならば $x_1 = x_0 + t$ とすれば良い．ステップ幅を適切にとれば，$f(x_1) < f(x_0)$ とすることができ，これを繰り返せば，関数値は次第に下がっていく．ある程度以上，下がらなくなったら，それで終わりとすれば良い．ただ，ステップ幅 t の取り方を間違えると収束しなかったり，振動したりしてしまう．

降下法を適用する上で，標準的な方法として，**Goldstein の規則**というものが知られている．この規則は，適切なステップ幅を見つけるための方法である．初期値を x_i とする．まず，その点での関数の接線は，

$$y - f(x_i) = f'(x_i)(x - x_i)$$

となる．しかし，関数が減少する方向に接線と目的関数のグラフ $y = f(x)$ とが交わる点が初期値以外に存在するとは限らない．しかし，少し傾きを緩やか

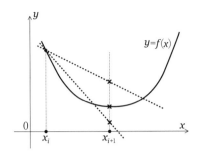

図 4-11 Goldstein の規則

にすれば（つまり傾きを $0 \sim 1$ の間の値を掛けた値にすれば）必ず存在する．そこで，傾きを μ （$0 < \mu < 1$）倍にすると，その直線の方程式は

$$y - f(x_i) = \mu f'(x_i)(x - x_i)$$

となる．0.5を挟んで，$0 < \mu_1 < 0.5 < \mu_2 < 1$ となるような2つの直線を引き，目的関数のグラフ $y = f(\mathbf{x})$ がその間に挟まれるような場所に，次の x_{i+1} の値を選ぶというのが，Goldstein の規則である（**図 4 -11**）．例えば，$\mu_1 = 0.4$, $\mu_2 = 0.6$ というような値を選べば良い．

(2) 2 変数以上の場合の最適化

2 変数以上ある場合の，具体的に検討する問題は，以下である．

$$\min_{\mathbf{x}} f(\mathbf{x})$$

ここでも制約条件を考えないことにする．

①格子点法

格子点法は非常に素朴な方法で，とにかく関数値が小さいエリアを限定してみようという考え方である．定義域全体を，メッシュに区切り，すべての格子点で関数の値を計算し，最小値の得られる格子点を最適解の近似とする．そうはいっても，最初から望む精度で細かく関数の値を求めると，かなりの計算量になる可能性がある．そこで，まずは粗いメッシュで最小値のありそうなエリアを特定し，そのエリアでさらにメッシュを細かくしていくというのが実際的

である.素朴すぎるとは思われるかもしれないが,「あたりをつける」には直感的でわかりやすい方法である.なお,変数の数が増えるとメッシュの次元数が増えてしまうため,せいぜい4～5変数くらいまでしか,実際的には使えないであろう.

②降下法

降下法は,2変数以上でも標準的に使われる手法である.1変数の場合には,関数値が減少する方向は,xをあげるか下げるかで,いずれにせよ,1方向で動くしかなかったが,2変数以上になると,関数の値が下がる方向にはかなり自由度がある.

降下法では,ある値からはじめて,関数値が下がる方向を探し,その方向で関数値が必ず下がる新たな点を求めるということを繰り返して,収束させる.例えば,$\mathbf{x}_i$という点から,目的関数が減少する方向が$\mathbf{d}_i$の方向であることがわかったとする.すると,新たな点として,$\mathbf{x}_{i+1} = \mathbf{x}_i + a_i \mathbf{d}_i$を$f(\mathbf{x}_{i+1}) < f(\mathbf{x}_i)$が成り立つようにスカラー$a_i$を定めることになる.$\mathbf{d}_i$を選ぶ操作を**方向探索**(direction search),$\mathbf{x}_{i+1} = \mathbf{x}_i + a_i \mathbf{d}_i$を選ぶ操作は**直線探索**(line search)と呼ぶ.これは,$\mathbf{x}_{i+1} = \mathbf{x}_i + a_i \mathbf{d}_i$は$\mathbf{x}_i$から$\mathbf{d}_i$の方向の直線の中で次の点を探索する行為であるためである.

この中でも,方向探索として,$\mathbf{x}_i$において目的関数が最も急に減少する方向$-\nabla f(\mathbf{x}_i)$を方向ベクトル$\mathbf{d}_i$として選ぶ方法は**最急降下法**と呼ばれる.すなわち,最急降下法では,$\mathbf{x}_{i+1} = \mathbf{x}_i - a_i \nabla f(\mathbf{x}_i)$とする.さらに,Goldsteinの規則で,直線探索するものとする.その場合には,関数の値の軸をzとすると,tを媒介変数として,$\mathbf{x}_i$において$-\nabla f(\mathbf{x}_i)$方向の接線は,

$$z[\mathbf{x}_i - t\nabla f(\mathbf{x}_i)] = f(\mathbf{x}_i) - t|\nabla f(\mathbf{x}_i)|^2$$

となる.1変数の場合と同様に傾きをμ($0 < \mu < 1$)倍にした直線は

$$z[\mathbf{x}_i - t\nabla f(\mathbf{x}_i)] = f(\mathbf{x}_i) - \mu t|\nabla f(\mathbf{x}_i)|^2$$

となる.$0 < \mu_1 < 0.5 < \mu_2 < 1$となるような直線を引き,目的関数のグラフ$y = f(\mathbf{x})$がその間に挟まれるような場所に,次の$\mathbf{x}_{i+1}$の値を選んで行けば良い.つまり,

$$f(\mathbf{x}_i) - \mu_2 t|\nabla f(\mathbf{x}_i)|^2 \leq f[\mathbf{x}_i - t\nabla f(\mathbf{x}_i)] \leq f(\mathbf{x}_i) - \mu_1 t|\nabla f(\mathbf{x}_i)|^2$$

となるように t を求め，その値を a_i とする．実際には，$\mu_1 = 0.4$, $\mu_2 = 0.6$ というような値を選べば良い．

③ニュートン法

目的関数の2次微分の情報を利用する方法である．まずは，$\mathbf{x}_i$ の値の近くで目的関数 $f(\mathbf{x})$ を2次の項までテイラー展開すると，

$$f(\mathbf{x}) \approx f(\mathbf{x}_i) + \nabla f(\mathbf{x}_i)^{\mathrm{T}}(\mathbf{x}-\mathbf{x}_i) + \frac{1}{2}(\mathbf{x}-\mathbf{x}_i)^{\mathrm{T}}\mathbf{H}(\mathbf{x}_i)(\mathbf{x}-\mathbf{x}_i)$$

となる．ただし，$\mathbf{H}(\mathbf{x}_i)$ は目的関数 f を2階微分したヘッセ行列に $\mathbf{x} = \mathbf{x}_i$ を代入して求めた行列である．$\mathbf{H}(\mathbf{x}_i)$ が正定値行列であるとすると，上記のテイラー展開は $f(\mathbf{x})$ を $\mathbf{x}$ に関する2次式で近似したものである．これの最小値を次の値 $\mathbf{x}_{i+1}$ とすれば良い．その値を求めると以下のようになる．

$$\mathbf{x}_{i+1} = \mathbf{x}_i - [\mathbf{H}(\mathbf{x}_i)]^{-1}\nabla f(\mathbf{x}_i)$$

ニュートン法は，目的関数の2階微分（ヘッセ行列）が必要になり，かつ，それぞれの点でヘッセ行列が正定値でないと適用できないという限界がある．

4-9　定式化の例

実際に都市の問題を定式化するのは，必ずしも簡単ではない．最適化問題で重要なものは，
①目的関数の選択
②変数の選択
③制約条件の選択
である．

ここでは，最適化の例として，店の出店場所を選ぶ問題を考えてみる．対象地域には，直線状の幹線道路が1本あり，その沿道で店を出すことを考える．中心地から郊外に延びた道路で，中心地を原点とし，郊外に向けてどの地点に立地するかを考える．店で販売する商品を仕入れる流通拠点は $x = a$ の位置にあるとする．店を x 地点に立地し，商品の価格を p に設定した場合の販売量の推定値を $f(x, p)$，その場合の賃料を $r(x)$，仕入れの費用は商品1単位あ

図 4-12　店の最適立地問題

たり $c+b|x-a|$ とする．その他の諸経費は同じで C であるとすれば，店を地点 x に立地したときの収益 π は，
$$\pi = p[f(x,p)-c-b|x-a|]-r(x)-C$$
となる．よって，最適化問題は，
$$\max_{x,p} \pi = p[f(x,p)-c-b|x-a|]-r(x)-C$$
と書くことができる（**図 4-12**）．さて，店の立地はどこでも良いのではなく，都市計画規制により，$x=0 \sim s$ しか立地できないとする．すると，このことは制約条件として設定しなければならない．また，価格 p は負ということはありえないので，$p \geq 0$ と考えるのは当然だろう．よって，
$$\max_{x,p} \pi = p[f(x,p)-c-b|x-a|]-r(x)-C$$
$$\text{s.t.} \quad 0 \leq x \leq s,\ p \geq 0$$
が最終的な最適化問題となる．あとは，販売量関数 f と賃料関数 r を実データを用いて推定し，最適化問題として解けば良い．

この問題の場合は，目的関数は比較的容易で，店舗立地で収益最大化を目指すのは自然な仮定なので，あまり違和感はない．また，店が実際に選べるのは，立地地点と商品価格なので，これも簡単である．後は，それにかかわる暗黙の仮定も含めた制約条件が何かを考えれば，このような定式化になる．

では，もう少し難しい最適化の例を考えてみよう．ある国に 2 点間だけを高速で結ぶことのできる交通機関（例えば，リニア新幹線）を設置することを考える．話を簡単にするために，その国は正方形の形状をしており，便宜上，$A = \{(x_1, x_2): -1 \leq x_1 \leq 1,\ -1 \leq x_2 \leq 1\}$ の範囲とする．この国の **x** 地点における人口密度は，$R(\mathbf{x})$ で与えられるものとする．**x** から **X** への交通トリップの発生密度は $R(\mathbf{x})R(\mathbf{X})$ で与えられるものとする．高速交通機関を使わない場合の移動は無料で直線的に行うことができるものとし，その速度は v とする．

4-9 定式化の例

他方，高速交通機関を使うことができると，その速度は10倍になるものとする．交通機関の待ち時間や停車時間などは無視できるものとして，社会にとって最適な高速交通機関の駅の位置とその運賃体系を求めたい．

この問題は，実は，問題を定式化するのに必要な情報を完全には網羅していない．このような場合に，目的関数，変数，制約条件をどのように考えて行くかを述べる．まずは，「社会にとって最適」の意味を考える必要がある．高速交通機関の会社にとってみれば，その収入を最大化することが望ましい．また，利用者の立場からは，トリップの総時間が最小になるとか，所要時間も加味した交通にかかる総費用の最小化が望ましい．社会にとってというからには，すべての当事者を考えねばならない．問題設定では明確にしていないが，仮に，高速交通機関は国が運営するものであるとする．さらに，建設費用は２駅をどこに設置しても同じであるとする．他方で運営には，２駅の間の距離を L とすると，$a+bL$ の費用が１乗客あたりかかるとする．国民が１単位の所要時間（例えば，１分）増えることによる時間費用は c，高速交通機関の運賃を p，$\mathbf{x}$ と $\mathbf{X}$ の間の距離を $D(\mathbf{x}, \mathbf{X})$ と書くことにすると，

高速交通機関の収益 $\pi = (p-a-bL) \times [乗客数]$

移動者の便益 $B = -\min\{c \times [高速交通機関を使わない場合の所要時間], c \times [高速交通機関を使う場合の所要時間] + p\} R(\mathbf{x}) R(\mathbf{X})$ を国全体で積分したもの

となり，この２つの和が社会的な余剰分になると考えることができる．（実際には，交通行動をとることによる便益も加味しなければならないが，それは，一定なので，最適な駅の位置や運賃額を定める場合には無視してもよい．）乗客数は実際には，高速交通機関を使う場合の方が得だと判断する客の量となるので，駅の位置が同じであっても，運賃を上げてしまうと，それだけ乗客数は減ってしまう．

２つの駅の位置を $\mathbf{y}_1, \mathbf{y}_2$ とする．この時，$\mathbf{x}$ から $\mathbf{X}$ へのトリップは，高速交通機関を使わない場合の所要時間 $T_0(\mathbf{x}, \mathbf{X})$ は

$$T_0(\mathbf{x}, \mathbf{X}) = \frac{D(\mathbf{x}, \mathbf{X})}{v},$$

高速交通機関を使う場合の所要時間 $T_1(\mathbf{x}, \mathbf{X})$ は

$$T_1(\mathbf{x},\mathbf{X},\mathbf{y}_1,\mathbf{y}_2)=\min\left\{\frac{D(\mathbf{x},\mathbf{y}_1)}{v}+\frac{L}{10v}+\frac{D(\mathbf{y}_2,\mathbf{X})}{v},\frac{D(\mathbf{x},\mathbf{y}_2)}{v}+\frac{L}{10v}+\frac{D(\mathbf{y}_1,\mathbf{X})}{v}\right\}$$

となる.ただし,
$$L = D(\mathbf{y}_1, \mathbf{y}_2)$$
である.このトリップで,実際に高速交通機関を用いるのは,
$$cT_0(\mathbf{x}, \mathbf{X}) > cT_1(\mathbf{x}, \mathbf{X}, \mathbf{y}_1, \mathbf{y}_2)+p$$
の場合である.この判別をする関数として,$\chi(\ )$ という関数を以下のように定義する.
$$\chi(z) = \begin{cases} 1 & z < 0 \text{ の場合} \\ 0 & z \geq 0 \text{ の場合} \end{cases}$$
これを用いると乗客数 $Q(\mathbf{y}_1, \mathbf{y}_2, p)$ は
$$Q(\mathbf{y}_1, \mathbf{y}_2, p)=\int_{\mathbf{X}\in A}\int_{\mathbf{x}\in A}\chi[cT_1(\mathbf{x},\mathbf{X},\mathbf{y}_1,\mathbf{y}_2)+p-cT_0(\mathbf{x},\mathbf{X})]R(\mathbf{x})R(\mathbf{X})d\mathbf{x}d\mathbf{X}$$
で与えられる.また,移動者の便益 $B(\mathbf{y}_1,\mathbf{y}_2,p)$ は
$$B(\mathbf{y}_1,\mathbf{y}_2,p)=-\int_{\mathbf{X}\in A}\int_{\mathbf{x}\in A}[cT_0(\mathbf{x},\mathbf{X})\{1-\chi[cT_1(\mathbf{x},\mathbf{X},\mathbf{y}_1,\mathbf{y}_2)+p-cT_0(\mathbf{x},\mathbf{X})]\}$$
$$+\{cT_1(\mathbf{x},\mathbf{X},\mathbf{y}_1,\mathbf{y}_2)+p\}\chi[cT_1(\mathbf{x},\mathbf{X},\mathbf{y}_1,\mathbf{y}_2)+p-cT_0(\mathbf{x},\mathbf{X})]]R(\mathbf{x})R(\mathbf{X})d\mathbf{x}d\mathbf{X}$$
となる.以上より,最適化問題は,
$$\max_{\mathbf{y}_1,\mathbf{y}_2,p}[p-a-bD(\mathbf{y}_1,\mathbf{y}_2)]Q(\mathbf{y}_1,\mathbf{y}_2,p)+B(\mathbf{y}_1,\mathbf{y}_2,p)$$
$$\text{s.t.}\quad \mathbf{y}_1 \in A$$
$$\mathbf{y}_2 \in A$$
$$p \geq 0$$

と定式化される.現実の問題からすれば,だいぶ簡略化したが,それでも,それなりにいろいろと考えないと定式化はできない.このような問題では,最初から細かく数式を書き下していくよりは,要素概念に分解していき,それらを少しずつ数式に置き換えていく方がわかりやすいだろう.

補遺 数学的最適化関連の参考書

本文中に参照した著書の他,秋山・上田 (1998),Bradley, et al. (1977),Intriligator (1971),今野・山下 (1978),大山 (1993),Sundaram (1996) なども参考になる.

参考文献

秋山孝正,上田孝行(1998)『すぐわかる計画数学』コロナ社.

Bradley, S.P., A.C. Hax, T.L. Magnanti (1977) *Applied Mathematical Programming*, Addison-Wesley.

Intriligator, M.D. (1971) *Mathematical Optimization and Economic Theory*, Prentice-Hall.

今野浩,山下浩(1978)『非線形計画法』日科技連出版社.

森口繁一(1973)『線形計画法入門』日科技連.

大山達雄(1993)『最適化モデル分析』日科技連出版社.

関根泰次(1983)『数理計画法』岩波.

Sundaram, R.K. (1996) *A First Course in Optimization Theory*, Cambridge University Press, Cambridge.

5 回帰分析

5-1 回帰分析

回帰分析 (regression analysis) とは，着目する変数の値を他の説明に寄与できそうな変数で推定する式を求める分析である．推定される変数を**目的変数**，**被説明変数**，**従属変数**などと呼ぶ．他方，説明に使う変数は，**説明変数**，**独立変数**などと呼ぶ．本書では，目的変数，説明変数という用語を用いることにする．

例えば，よく行われる分析にヘドニック分析（大野，2001）がある．これは，それぞれの地点の地価（あるいは，不動産価格）を目的変数，地価（あるいは，不動産価格）に影響を与えそうな要因を表すデータを説明変数にして，地価を推計し，それによって，各要因の地価への寄与を明らかにしようとする分析である．

(1) 単回帰分析

回帰分析は，目的変数を y，説明変数を x とすると，目的変数 y をもっともよく近似する x に関する関数 $y = f(x)$ を推計する問題である．説明変数が一つしかない回帰分析は**単回帰分析**と呼ばれる．通常は，目的変数，説明変数が共に得られる標本をいくつかとり，そこから，この関数を推計することになる．$i = 1, ..., n$ を標本の番号，標本 i に対応する目的変数，説明変数の値をそれぞれ，y_i, x_i とする．そうすると，y_i をもっともよく近似できる $f(x_i)$ という関数を推計することとなる．関数形は自由に選ぶことができるものの，もっとも

よく使われるのは線形関数（1次式）であり，そのため，そのような回帰式を線形回帰式（linear regression equation）という．線形回帰式を求める場合は，
$$y_i \approx a + bx_i$$
を満たすような式を求めたい．しかし，現実には，正確に一致することはまれなので，
$$y_i = a + bx_i + e_i$$
というように，誤差項 e_i を設けて，それがなるべく「小さく」なるようにする．どのような意味で小さくするかの候補はいろいろとありうるが，標準的に使われるのは，誤差の二乗和を最小化する方法であり，**最小二乗法**と呼ばれる．つまり，最小二乗法では，
$$\min_{a,b} \sum_{i=1}^{n} e_i^2 = \sum_{i=1}^{n} (y_i - a - bx_i)^2$$
という基準で，a, b を求めるのである．この問題は，目的関数を a および b で偏微分して 0 に等しいという方程式を解けば求めることができる．
$$\frac{\partial}{\partial a} \sum_{i=1}^{n} (y_i - a - bx_i)^2 = -2\sum_{i=1}^{n} (y_i - a - bx_i) = 0$$
$$\frac{\partial}{\partial b} \sum_{i=1}^{n} (y_i - a - bx_i)^2 = -2\sum_{i=1}^{n} x_i(y_i - a - bx_i) = 0$$
より，
$$na + \left(\sum_{i=1}^{n} x_i\right)b = \sum_{i=1}^{n} y_i$$
$$\left(\sum_{i=1}^{n} x_i\right)a + \left(\sum_{i=1}^{n} x_i^2\right)b = \sum_{i=1}^{n} x_i y_i$$
という連立方程式が求められる．これは，行列とベクトルを用いると以下のように表すことができる．
$$\begin{bmatrix} n & \sum_{i=1}^{n} x_i \\ \sum_{i=1}^{n} x_i & \sum_{i=1}^{n} x_i^2 \end{bmatrix} \begin{bmatrix} a \\ b \end{bmatrix} = \begin{bmatrix} \sum_{i=1}^{n} y_i \\ \sum_{i=1}^{n} x_i y_i \end{bmatrix}$$
これを a, b について解くと，

$$\begin{bmatrix} \hat{a} \\ \hat{b} \end{bmatrix} = \frac{1}{n\left(\sum_{i=1}^{n} x_i^2\right) - \left(\sum_{i=1}^{n} x_i\right)^2} \begin{bmatrix} \left(\sum_{i=1}^{n} x_i^2\right)\left(\sum_{i=1}^{n} y_i\right) - \left(\sum_{i=1}^{n} x_i\right)\left(\sum_{i=1}^{n} x_i y_i\right) \\ n\left(\sum_{i=1}^{n} x_i y_i\right) - \left(\sum_{i=1}^{n} x_i\right)\left(\sum_{i=1}^{n} y_i\right) \end{bmatrix}$$

となり，

$$\hat{a} = \frac{\left(\sum_{i=1}^{n} x_i^2\right)\left(\sum_{i=1}^{n} y_i\right) - \left(\sum_{i=1}^{n} x_i\right)\left(\sum_{i=1}^{n} x_i y_i\right)}{n\left(\sum_{i=1}^{n} x_i^2\right) - \left(\sum_{i=1}^{n} x_i\right)^2}$$

$$\hat{b} = \frac{n\left(\sum_{i=1}^{n} x_i y_i\right) - \left(\sum_{i=1}^{n} x_i\right)\left(\sum_{i=1}^{n} y_i\right)}{n\left(\sum_{i=1}^{n} x_i^2\right) - \left(\sum_{i=1}^{n} x_i\right)^2}$$

と求めることができる．推定された回帰係数には ˆ をつけて示している．ちなみに，x_i の平均値が 0 であるように基準化されていれば（つまり，$\sum_{i=1}^{n} x_i = 0$ ならば），これはもっと簡単になり，

$$\hat{a} = \frac{\sum_{i=1}^{n} y_i}{n}$$

$$\hat{b} = \frac{\sum_{i=1}^{n} x_i y_i}{\sum_{i=1}^{n} x_i^2}$$

となる．

　これで線形の近似式は求まったわけだが，回帰分析では，これだけでは満足せず，求められた近似式がどの程度の信頼性があるのかを知りたい．そこで，仮に，真の線形の関係式があった場合に，この推定値がどの程度の誤差を持つかを分析することになる．

　まずは，未知の真の関係式を，$i = 1, \ldots, n$ に対して

$$y_i = \alpha + \beta x_i + \varepsilon_i$$

とする．α, β は未知のパラメータであり，わからないものとする．また，ε_i は誤差項で，これも値はわからないものとする．ただし，その分布はわかっているものとし，その分布の平均値は 0，分散は σ^2 とする．すなわち，

$$E[\varepsilon_i] = 0$$

$$V[\varepsilon_i] = \sigma^2$$

とする.また,ε_i は相互に独立な確率変数であるとする.つまり,$i \neq j$ について

$$Cov[\varepsilon_i, \varepsilon_j] = 0$$

とする.x_i は確率変数ではなく,単に観測値を定めるときに用いた条件の値であるので,上記の関係を通して,y_i が確率変数になるだけである.まずは,y_i および $x_i y_i$ の期待値を求めておくと,

$$E[y_i] = E[\alpha + \beta x_i + \varepsilon_i] = \alpha + \beta x_i + E[\varepsilon_i] = \alpha + \beta x_i + 0 = \alpha + \beta x_i$$

$$E[x_i y_i] = E[\alpha x_i + \beta x_i^2 + x_i \varepsilon_i] = \alpha x_i + \beta x_i^2 + x_i E[\varepsilon_i] = \alpha x_i + \beta x_i^2$$

となる.すると,

$$E\left[\sum_{i=1}^{n} y_i\right] = n\alpha + \beta \sum_{i=1}^{n} x_i$$

$$E\left[\sum_{i=1}^{n} x_i y_i\right] = \alpha \sum_{i=1}^{n} x_i + \beta \sum_{i=1}^{n} x_i^2$$

と計算できる.よって,

$$E[\hat{a}] = E\left[\frac{\left(\sum_{i=1}^{n} x_i^2\right)\left(\sum_{i=1}^{n} y_i\right) - \left(\sum_{i=1}^{n} x_i\right)\left(\sum_{i=1}^{n} x_i y_i\right)}{n\left(\sum_{i=1}^{n} x_i^2\right) - \left(\sum_{i=1}^{n} x_i\right)^2}\right]$$

$$= \frac{\left(\sum_{i=1}^{n} x_i^2\right) E\left[\sum_{i=1}^{n} y_i\right] - \left(\sum_{i=1}^{n} x_i\right) E\left[\sum_{i=1}^{n} x_i y_i\right]}{n\left(\sum_{i=1}^{n} x_i^2\right) - \left(\sum_{i=1}^{n} x_i\right)^2}$$

$$= \frac{\sum_{i=1}^{n} x_i^2 \left(n\alpha + \beta \sum_{i=1}^{n} x_i\right) - \sum_{i=1}^{n} x_i \left(\alpha \sum_{i=1}^{n} x_i + \beta \sum_{i=1}^{n} x_i^2\right)}{n\left(\sum_{i=1}^{n} x_i^2\right) - \left(\sum_{i=1}^{n} x_i\right)^2} = \alpha$$

$$E[\hat{b}] = E\left[\frac{n\left(\sum_{i=1}^{n} x_i y_i\right) - \left(\sum_{i=1}^{n} x_i\right)\left(\sum_{i=1}^{n} y_i\right)}{n\left(\sum_{i=1}^{n} x_i^2\right) - \left(\sum_{i=1}^{n} x_i\right)^2}\right] = \frac{n E\left[\sum_{i=1}^{n} x_i y_i\right] - \left(\sum_{i=1}^{n} x_i\right) E\left[\sum_{i=1}^{n} y_i\right]}{n\left(\sum_{i=1}^{n} x_i^2\right) - \left(\sum_{i=1}^{n} x_i\right)^2}$$

$$= \frac{n\left(\alpha \sum_{i=1}^{n} x_i + \beta \sum_{i=1}^{n} x_i^2\right) - \left(\sum_{i=1}^{n} x_i\right)\left(n\alpha + \beta \sum_{i=1}^{n} x_i\right)}{n\left(\sum_{i=1}^{n} x_i^2\right) - \left(\sum_{i=1}^{n} x_i\right)^2} = \beta$$

となる.つまり,推計値の期待値は,それぞれ真のモデルの係数に一致するということで,推計値自体は不偏性があることがわかる.

次に,推計値の分散を求めると以下のように計算できる(**注5-1**).

$$V[\hat{a}] = \sigma^2 \left(\frac{1}{n} + \frac{\overline{x}^2}{\sum_{i=1}^{n}(x_i - \overline{x})^2} \right)$$

$$V[\hat{b}] = \frac{\sigma^2}{\sum_{i=1}^{n}(x_i - \overline{x})^2}$$

ここまでの計算では,誤差項の分布関数については仮定をしていなかった.ただ単に平均値と分散が与えられていただけである.ここからは,さらに,誤差項が正規分布に従うものと仮定する.すなわち,

$$\varepsilon_i \sim N(0, \sigma^2) \quad \text{i.i.d}$$

と仮定する.ここで,〜は分布に従うことを表し,i.i.d.とはindependently and identically distributedという意味で,誤差項が独立で同じ分布に従うということを意味する.推定された回帰係数である$\hat{a}$も$\hat{b}$も,y_iの線形和で表されており,そのために,ε_iの線形和で表されることになる.正規分布に従う変数の線形和はやはり正規分布に従うため,結局,

$$\hat{a} \sim N(E[\hat{a}], V[\hat{a}]) = N\left(\alpha, \sigma^2 \left[\frac{1}{n} + \frac{\overline{x}^2}{\sum_{i=1}^{n}(x_i - \overline{x})^2} \right] \right)$$

$$\hat{b} \sim N(E[\hat{b}], V[\hat{b}]) = N\left(\beta, \frac{\sigma^2}{\sum_{i=1}^{n}(x_i - \overline{x})^2} \right)$$

となる.これにより,どのような分布に従うかがわかり,得られた回帰係数の信頼性がわかることになる.

ただ,問題なのは,重要なパラメータの一つである分散の中のσ^2がわからないことである.そこで,得られた標本から推定するしかない.つまり,標本の回帰誤差を用いて計算するのである.(真の誤差ではなく)標本の誤差をe_iとすると,

$$e_i = y_i - \hat{a} - \hat{b} x_i$$

である．この中で，y_i や x_i は標本の値そのものであるが，$\hat{a}$ や $\hat{b}$ は標本の情報を使って推定したものである．この分の2つの自由度がこの計算で失われているために，標本から推計される標準偏差（これを，**標準誤差**と呼ぶ）s の二乗値を以下のように計算する．

$$s^2 = \frac{1}{n-2}\sum_{i=1}^{n}(y_i - \hat{a} - \hat{b}x_i)^2$$

これが，真の誤差項の分散の推定値になっている．真の分散を標本から推定される分散で代替するために，回帰係数は正規分布ではなく，自由度 $n-2$ の t 分布（これを，$t(n-2)$ と書く）に従うことになる．すなわち，

$$\frac{\hat{a}-\alpha}{\sqrt{s^2\left[\dfrac{1}{n}+\dfrac{\overline{x}^2}{\sum_{i=1}^{n}(x_i-\overline{x})^2}\right]}} \sim t(n-2)$$

$$\frac{\hat{b}-\beta}{\sqrt{\dfrac{s^2}{\sum_{i=1}^{n}(x_i-\overline{x})^2}}} \sim t(n-2)$$

t 検定により，例えば帰無仮説 $H_0 : \beta = 0$ を検定することができる．

注5-1 推定された回帰係数の分散

$$V[y_i] = V[\alpha + \beta x_i + \varepsilon_i] = V[\varepsilon_i] = \sigma^2$$

よって，$V[\hat{a}]$ は以下のように求めることができる．

$$V[\hat{a}] = V\left[\frac{\left(\sum_{i=1}^{n}x_i^2\right)\left(\sum_{i=1}^{n}y_i\right) - \left(\sum_{i=1}^{n}x_i\right)\left(\sum_{i=1}^{n}x_iy_i\right)}{n\left(\sum_{i=1}^{n}x_i^2\right) - \left(\sum_{i=1}^{n}x_i\right)^2}\right] = \frac{V\left[\sum_{i=1}^{n}\left\{\left(\sum_{j=1}^{n}x_j^2\right) - \left(\sum_{j=1}^{n}x_j\right)x_i\right\}y_i\right]}{\left[n\left(\sum_{i=1}^{n}x_i^2\right) - \left(\sum_{i=1}^{n}x_i\right)^2\right]^2}$$

$$= \frac{\sigma^2 \sum_{i=1}^{n}\left\{\left(\sum_{j=1}^{n}x_j^2\right) - \left(\sum_{j=1}^{n}x_j\right)x_i\right\}^2}{\left[n\left(\sum_{i=1}^{n}x_j^2\right) - \left(\sum_{i=1}^{n}x_i\right)^2\right]^2}$$

$$= \sigma^2 \frac{\sum_{i=1}^{n}\left\{\left(\sum_{j=1}^{n}x_j^2\right)^2 - 2\left(\sum_{j=1}^{n}x_j^2\right)\left(\sum_{j=1}^{n}x_j\right)x_i + \left(\sum_{j=1}^{n}x_j\right)^2 x_i^2\right\}}{\left[n\left(\sum_{i=1}^{n}x_i^2\right) - \left(\sum_{i=1}^{n}x_i\right)^2\right]^2}$$

$$= \sigma^2 \frac{n\left(\sum_{j=1}^{n} x_j^2\right)^2 - 2\left(\sum_{j=1}^{n} x_j^2\right)\left(\sum_{i=1}^{n} x_j\right)\left(\sum_{i=1}^{n} x_i\right) + \left(\sum_{j=1}^{n} x_j\right)^2\left(\sum_{i=1}^{n} x_i^2\right)}{\left[n\left(\sum_{i=1}^{n} x_i^2\right) - \left(\sum_{i=1}^{n} x_i\right)^2\right]^2}$$

$$= \sigma^2 \frac{\left[n\left(\sum_{i=1}^{n} x_i^2\right) - \left(\sum_{i=1}^{n} x_i\right)^2\right]\left(\sum_{i=1}^{n} x_i^2\right)}{\left[n\left(\sum_{i=1}^{n} x_i^2\right) - \left(\sum_{i=1}^{n} x_i\right)^2\right]^2} = \sigma^2 \frac{\sum_{i=1}^{n} x_i^2}{n\left(\sum_{i=1}^{n} x_i^2\right) - \left(\sum_{i=1}^{n} x_i\right)^2}$$

ちなみに，x_i の平均値を $\bar{x}$ とすると，

$$\bar{x} = \frac{1}{n}\sum_{i=1}^{n} x_i$$

なので，

$$V[\hat{a}] = \sigma^2 \frac{\sum_{i=1}^{n} x_i^2}{n\left(\sum_{i=1}^{n} x_i^2\right) - \left(\sum_{i=1}^{n} x_i\right)^2} = \sigma^2 \frac{\sum_{i=1}^{n}(x_i - \bar{x})^2 + n\bar{x}^2}{n\sum_{i=1}^{n}(x_i - \bar{x})^2} = \sigma^2\left(\frac{1}{n} + \frac{\bar{x}^2}{\sum_{i=1}^{n}(x_i - \bar{x})^2}\right)$$

と書くこともできる．

次に，$V[\hat{b}]$ は以下のようになる．

$$V[\hat{b}] = V\left[\frac{n\left(\sum_{i=1}^{n} x_i y_i\right) - \left(\sum_{i=1}^{n} x_i\right)\left(\sum_{i=1}^{n} y_i\right)}{n\left(\sum_{i=1}^{n} x_i^2\right) - \left(\sum_{i=1}^{n} x_i\right)^2}\right] = \frac{V\left[\sum_{i=1}^{n}\left\{nx_i - \left(\sum_{j=1}^{n} x_j\right)\right\} y_i\right]}{\left[n\left(\sum_{i=1}^{n} x_i^2\right) - \left(\sum_{i=1}^{n} x_i\right)^2\right]^2}$$

$$= \sigma^2 \frac{\sum_{i=1}^{n}\left\{nx_i - \left(\sum_{j=1}^{n} x_j\right)\right\}^2}{\left[n\left(\sum_{i=1}^{n} x_i^2\right) - \left(\sum_{i=1}^{n} x_i\right)^2\right]^2} = \sigma^2 \frac{n^2\left(\sum_{i=1}^{n} x_i^2\right) - 2n\left(\sum_{i=1}^{n} x_i\right)\left(\sum_{j=1}^{n} x_j\right) + n\left(\sum_{j=1}^{n} x_j\right)^2}{\left[n\left(\sum_{i=1}^{n} x_i^2\right) - \left(\sum_{i=1}^{n} x_i\right)^2\right]^2}$$

$$= \sigma^2 \frac{n\left[n\left(\sum_{i=1}^{n} x_i^2\right) - \left(\sum_{j=1}^{n} x_j\right)^2\right]}{\left[n\left(\sum_{i=1}^{n} x_i^2\right) - \left(\sum_{i=1}^{n} x_i\right)^2\right]^2} = \sigma^2 \frac{n}{n\left(\sum_{i=1}^{n} x_i^2\right) - \left(\sum_{i=1}^{n} x_i\right)^2}$$

これも $\bar{x}$ を用いて，書き直すと，以下のようになる．

$$V[\hat{b}] = \sigma^2 \frac{n}{n\left(\sum_{i=1}^{n} x_i^2\right) - \left(\sum_{i=1}^{n} x_i\right)^2} = \sigma^2 \frac{n}{n\sum_{i=1}^{n}(x_i - \bar{x})^2} = \frac{\sigma^2}{\sum_{i=1}^{n}(x_i - \bar{x})^2}$$

5-2　重回帰分析

前節では，説明変数が一つしかない場合を説明した．それに対して，変数が

複数個ある場合には，**重回帰分析**（multiple regression analysis）と言われる．

最も簡単な場合として，説明変数が2個の場合について考えてみよう．真のモデルは，

$$y_i = \alpha + \beta_1 x_{i1} + \beta_2 x_{i2} + \varepsilon_i \quad (i = 1, \cdots, n)$$

として，回帰式として，

$$y_i = a + b_1 x_{i1} + b_2 x_{i2} + e_i$$

を推定する．最小二乗法を用いると，

$$\min_{a, b_1, b_2} \sum_{i=1}^{n} e_i^2 = \sum_{i=1}^{n} (y_i - a - b_1 x_{i1} - b_2 x_{i2})^2$$

これの1階の条件をベクトルと行列を使って表すと，1変数の場合と似た式となる．

$$\begin{bmatrix} n & \sum_{i=1}^{n} x_{i1} & \sum_{i=1}^{n} x_{i2} \\ \sum_{i=1}^{n} x_{i1} & \sum_{i=1}^{n} x_{i1}^2 & \sum_{i=1}^{n} x_{i1}x_{i2} \\ \sum_{i=1}^{n} x_{i2} & \sum_{i=1}^{n} x_{i1}x_{i2} & \sum_{i=1}^{n} x_{i2}^2 \end{bmatrix} \begin{bmatrix} a \\ b_1 \\ b_2 \end{bmatrix} = \begin{bmatrix} \sum_{i=1}^{n} y_i \\ \sum_{i=1}^{n} x_{i1}y_i \\ \sum_{i=1}^{n} x_{i2}y_i \end{bmatrix}$$

これは正規方程式（normal equation）と呼ばれる．この連立方程式を解けば，回帰係数を求めることができる．

より一般の場合には，最初からベクトルと行列を用いるのが簡便である．また，中級以上の教科書には頻繁に出てくるので，理解しておく必要がある．まずは，目的変数や説明変数を以下のように表す．

$$\mathbf{y} = \begin{bmatrix} y_1 \\ \vdots \\ y_n \end{bmatrix}, \quad \mathbf{X} = \begin{bmatrix} 1 & x_{11} & \cdots & x_{1p} \\ \vdots & \vdots & & \vdots \\ 1 & x_{n1} & \cdots & x_{np} \end{bmatrix}, \quad \mathbf{b} = \begin{bmatrix} a \\ b_1 \\ \vdots \\ b_p \end{bmatrix}, \quad \mathbf{e} = \begin{bmatrix} e_1 \\ \vdots \\ e_n \end{bmatrix}$$

すると，回帰式は，

$$\mathbf{y} = \mathbf{X}\mathbf{b} + \mathbf{e}$$

となる．最小二乗法は，

$$\min_{\mathbf{b}} \|\mathbf{e}\|^2 = (\mathbf{y} - \mathbf{X}\mathbf{b})^T (\mathbf{y} - \mathbf{X}\mathbf{b})$$

と表すことができる．この1階の条件式は，

5-2 重回帰分析

$$\mathbf{X}^T\mathbf{X}\mathbf{b} = \mathbf{X}^T\mathbf{y}$$

となる.これが正規方程式である.両辺に $(\mathbf{X}^T\mathbf{X})^{-1}$ を左からかけると,

$$\hat{\mathbf{b}} = (\mathbf{X}^T\mathbf{X})^{-1}\mathbf{X}^T\mathbf{y}$$

と回帰係数ベクトルが求められる.なお,$\mathbf{b}$ に ^ をつけたのは,これが推定された値であることを明示的に示すためである.この最小二乗推定値は,もとの誤差分布に正規性を仮定する(つまり,$\mathbf{e}$ が正規分布に従うと仮定する)と最尤推定値(尤度を最大化する推定値)となっている.

ここで,推定値の誤差について検討することにする.このために,以下の仮定を置く.

(1)真の目的変数と説明変数の間の関係は,$\mathbf{y} = \mathbf{X}\boldsymbol{\beta}+\boldsymbol{\varepsilon}$ である.
(2)誤差項の期待値は0である.$E[\boldsymbol{\varepsilon}] = \mathbf{0}$
(3)誤差項の分散は,すべて σ^2 で,かつ共分散は0である.$V[\boldsymbol{\varepsilon}]=E[\boldsymbol{\varepsilon}\boldsymbol{\varepsilon}^T]=\sigma^2\mathbf{I}$ (ここで,$\mathbf{I}$ は単位行列,すなわち,対角成分が1,非対角成分は0の行列である.)(**注5-2**)

すると,

$$\hat{\mathbf{b}} = (\mathbf{X}^T\mathbf{X})^{-1}\mathbf{X}^T\mathbf{y} = (\mathbf{X}^T\mathbf{X})^{-1}\mathbf{X}^T(\mathbf{X}\boldsymbol{\beta}+\boldsymbol{\varepsilon}) = (\mathbf{X}^T\mathbf{X})^{-1}\mathbf{X}^T\mathbf{X}\boldsymbol{\beta}+(\mathbf{X}^T\mathbf{X})^{-1}\mathbf{X}^T\boldsymbol{\varepsilon}$$
$$= \boldsymbol{\beta}+(\mathbf{X}^T\mathbf{X})^{-1}\mathbf{X}^T\boldsymbol{\varepsilon}$$

となる.この期待値,分散を求めると(注5-2),

$$E[\hat{\mathbf{b}}]=E[\boldsymbol{\beta}+(\mathbf{X}^T\mathbf{X})^{-1}\mathbf{X}^T\boldsymbol{\varepsilon}]=\boldsymbol{\beta}+(\mathbf{X}^T\mathbf{X})^{-1}\mathbf{X}^T E[\boldsymbol{\varepsilon}]=\boldsymbol{\beta}+(\mathbf{X}^T\mathbf{X})^{-1}\mathbf{X}^T\mathbf{0}=\boldsymbol{\beta}$$
$$V[\hat{\mathbf{b}}]=V[\boldsymbol{\beta}+(\mathbf{X}^T\mathbf{X})^{-1}\mathbf{X}^T\boldsymbol{\varepsilon}]=V[(\mathbf{X}^T\mathbf{X})^{-1}\mathbf{X}^T\boldsymbol{\varepsilon}]=E[(\mathbf{X}^T\mathbf{X})^{-1}\mathbf{X}^T\boldsymbol{\varepsilon}\boldsymbol{\varepsilon}^T\mathbf{X}(\mathbf{X}^T\mathbf{X})^{-1}]$$
$$=(\mathbf{X}^T\mathbf{X})^{-1}\mathbf{X}^T E[\boldsymbol{\varepsilon}\boldsymbol{\varepsilon}^T]\mathbf{X}(\mathbf{X}^T\mathbf{X})^{-1}=(\mathbf{X}^T\mathbf{X})^{-1}\mathbf{X}^T(\sigma^2\mathbf{I})\mathbf{X}(\mathbf{X}^T\mathbf{X})^{-1}$$
$$=\sigma^2(\mathbf{X}^T\mathbf{X})^{-1}\mathbf{X}^T\mathbf{I}\mathbf{X}(\mathbf{X}^T\mathbf{X})^{-1}=\sigma^2(\mathbf{X}^T\mathbf{X})^{-1}\mathbf{X}^T\mathbf{X}(\mathbf{X}^T\mathbf{X})^{-1}=\sigma^2(\mathbf{X}^T\mathbf{X})^{-1}$$

となる.(上の計算で誤差ベクトルの期待値が**0**であることを用いている.)

これより,誤差項が n 次元の正規分布に従うとすると,回帰係数ベクトルも正規分布に従う(**注5-3**).つまり,

$$\boldsymbol{\varepsilon}\sim N(\mathbf{0},\sigma^2\mathbf{I}) \text{ ならば},\ \hat{\mathbf{b}}\sim N(\boldsymbol{\beta},\sigma^2(\mathbf{X}^T\mathbf{X})^{-1})$$

となる.ただ,標本を集めただけでは,真の誤差の分散はわからない.そこで,回帰分析の結果から,真の誤差の分散を推計することになる.標本の誤差 e_i は

$$\mathbf{e} = \mathbf{y}-\mathbf{X}\hat{\mathbf{b}}$$

より，

$$e_i = y_i - \hat{a} - \hat{b}_1 x_{i1} - \cdots - \hat{b}_p x_{ip}$$

となる．この中で，y_i や x_{ij} は標本の値そのものであるが，$\hat{a}$ や $\hat{b}_j$ は標本の情報を使って推定したものである．この分の $(p+1)$ 個の自由度がこの計算で失われているために，標本から推計される標準偏差（これを，**標準誤差**と呼ぶ）s の二乗値を以下のように計算する．

$$s^2 = \frac{1}{n-p-1} \sum_{i=1}^{n}(y_i - b_1 x_{i1} - \cdots - b_p x_{ip})^2 = \frac{\|\boldsymbol{e}\|^2}{n-p-1}$$

これが，真の誤差項の分散の推定値になっている（**注5-4**）．真の分散を標本から推定される分散で代替するために，回帰係数は正規分布ではなく，自由度 $n-p-1$ の t 分布（これを，$t(n-p-1)$ と書く）に従うことになる．すなわち，

$$\frac{\hat{b}_i - \beta_i}{\sqrt{\dfrac{s^2}{\sum_{i=1}^{n}(x_i - \overline{x})^2}}} \sim t(n-p-1)$$

t 検定により，例えば帰無仮説 $H_0 : \beta = 0$ を検定することができる．具体的な検定の手順は，後述する数値例の部分を参照されたい．

回帰分析で得られた回帰係数が有意かどうかを検定する際には，t 値をもちいるが，その優位性の判定には2つの考え方がある．

①両側検定

回帰係数 β_i がある特定の値 β_i^0 であると言えるかどうかを検定したいとする．その場合には，帰無仮説と対立仮説を以下のように設定する．

帰無仮説 $H_0 : \beta_i = \beta_i^0$

対立仮説 $H_1 : \beta_i \neq \beta_i^0$

β_i^0 の両側に同じだけバッファ（通常は，95%の存在確率の範囲）をとって，それよりも外側にあれば（つまり，有意水準5％以下の確率），有意な差があると判断し，帰無仮説を棄却する．そうでない場合は，（棄却できないという消極的な理由で）帰無仮説を採択することになる．

②片側検定

回帰係数 β_i がある特定の値 β_i^0 よりも大きい（もしくは，小さい）と言えるかどうかを検定したいとする．その場合には，帰無仮説と対立仮説を以下のよ

うに設定する.

　帰無仮説 $H_0: \beta_i = \beta_i^0$

　対立仮説 $H_1: \beta_i > \beta_i^0$　　もしくは，$\beta_i < \beta_i^0$

この場合は，β_i^0 の大きい方にだけバッファをとって，それよりも大きい場合（有意水準 5 % 以下の部分）にあれば，有意な差があると判断し帰無仮説を棄却し，対立仮説を採択する．

　回帰分析で得られた平方和を分解することで，回帰式の当てはまりの良さを検討することができる．まず，目的変数 y_i の全体の平均値 $\bar{y}$ からの差（偏差）の平方和（これを，**全平方和**（TSS = total sum of squares）という）は，以下のように分解することができる．

　　　全平方和 TSS = 回帰平方和 ESS + 残差平方和 RSS

回帰平方和（ESS = explained sum of squares）とは回帰式で説明された部分の平方和，**残差平方和**（RSS = residual sum of squares）とは回帰式でもまだ説明できなかった残差の平方和である．具体的には，

$$TSS = \sum_{i=1}^{n}(y_i - \bar{y})^2$$

$$ESS = \sum_{i=1}^{n}(\hat{a} + \hat{b}_1 x_{i1} + \cdots + \hat{b}_p x_{ip} - \bar{y})^2$$

$$RSS = \sum_{i=1}^{n}(y_i - \hat{a} - \hat{b}_1 x_{i1} - \cdots - \hat{b}_p x_{ip})^2$$

である（**注 5 - 5**）．

　これを用いて，

$$\frac{ESS}{TSS}$$

という比を考えると，これは全平方和のうち，回帰式で説明された平方和がどれだけあるかを示すことになる．これを**決定係数**と呼び，しばしば R^2 で表される．その平方根である R は**重回帰係数**と呼ばれ，目的変数と回帰式で推定された値の相関係数となっている（**注 5 - 6**）．

$$R^2 = \frac{ESS}{TSS} = 1 - \frac{RSS}{TSS}$$

決定係数は 0 以上 1 以下の値をとり，1 に近いほど回帰式の当てはまりが良い

5 回帰分析

ことを示す.

　重回帰式の説明変数を増やすほど,一般的には決定係数は増加する.ただ,新たに加えた説明変数が,回帰式に投入するほどの価値があるかどうかを考えねばならない.回帰分析を行う主な目的には,なるべく正確に目的変数の値を推定する式を構築することと,それぞれの説明変数の効果を正しく把握することがある.前者は,決定係数で測ることができ,後者はその説明変数の回帰係数で知ることができる.しかし,決定係数が高ければ良いというわけではない.例えば,説明変数として線形独立な $n-1$ 個 (n は標本数) の説明変数を導入すれば,決定係数は最大値1をとる.しかし,仮に,別な標本を新たにとってきたときに,得られた回帰式で推定しても,正確になるとは限らない.それは,むしろ,誤差項によるばらつきも,あたかも説明変数によるかのように推計されてしまうので,新たな誤差には対応できないからである.このことから,回帰式は,説明力がある程度高ければ,かえって,説明変数の数が少ない方が安定した推定になると考えることができる (**注5-7**).

　そこで,わざわざ説明変数を増やすほどの価値があるかどうかを考えるためには,**自由度調整済み (adjusted) 決定係数**がある.これは,説明変数の個数をペナルティとして修正した指標である.

$$\mathrm{adj}R^2 = 1 - \frac{RSS/(n-(p+1))}{TSS/(n-1)}$$

説明変数を逐次投入して,自由度調整済み決定係数が最大になるところで止めると,統計的には適切な数の説明変数が入ることになる.

　回帰式自体にそもそも意味があるかどうかを考えるには,回帰式の有意性を検定すれば良い.これには,F 検定を使う.回帰式により説明される分散と残差の分散との分散比で検定する.この分散比は,第1自由度 p,第2自由度 $n-p-1$ の F 分布に従うので,それを用いて検定する.

$$\frac{ESS/p}{RSS/(n-p-1)} \sim F(p, n-p-1)$$

複数の変数の投入に意味があるかどうかも F 検定で検定できる.その手法は,Chow 検定と呼ばれ,構造変化 (回帰モデル上の有意な変化) があったかどうかの分析にしばしば用いられる (蓑谷・縄田・和合, 2007).

注 5-2 分散共分散行列

ある確率変数のベクトル $\mathbf{z}$ の分散は，分散共分散行列という行列で表される．

$$\mathbf{z} = \begin{bmatrix} z_1 \\ \vdots \\ z_n \end{bmatrix}$$

とするとき，$\mathbf{z}$ の分散共分散行列 $\mathbf{W}$ の i 行 j 列成分 w_{ij} は，$i = j$ のとき z_i の分散，$i \neq j$ のとき z_i と z_j の共分散を与える．$\mathbf{z}$ の期待値を $\boldsymbol{\mu}$ とすると，

$$\mathbf{z} - \boldsymbol{\mu} = \begin{bmatrix} z_1 - \mu_1 \\ \vdots \\ z_n - \mu_n \end{bmatrix}$$

は平均値からの偏差を与える．

$$w_{ij} = E[(z_i - \mu_i)(z_j - \mu_j)]$$

であるから，

$$V[\mathbf{z}] = \mathbf{W} = E\begin{bmatrix} (z_1 - \mu_1)(z_1 - \mu_1) & \cdots & (z_n - \mu_n)(z_1 - \mu_1) \\ \vdots & \ddots & \vdots \\ (z_1 - \mu_1)(z_n - \mu_n) & \cdots & (z_n - \mu_n)(z_n - \mu_n) \end{bmatrix}$$

$$= E[(\mathbf{z} - \boldsymbol{\mu})(\mathbf{z} - \boldsymbol{\mu})^{\mathrm{T}}]$$

となる．これは正方行列となる．特に，$\boldsymbol{\mu} = \mathbf{0}$ の場合は，$V[\mathbf{z}] = E[\mathbf{z}\mathbf{z}^{\mathrm{T}}]$ と表すことができる．

なお，転置 ^{T} の操作としては，以下の公式が知られている．$\mathbf{A}, \mathbf{B}$ を行列もしくはベクトルとすると，

$$(\mathbf{AB})^{\mathrm{T}} = \mathbf{B}^{\mathrm{T}}\mathbf{A}^{\mathrm{T}}$$
$$(\mathbf{A}^{-1})^{\mathrm{T}} = (\mathbf{A}^{\mathrm{T}})^{-1}$$
$$[(\mathbf{AB})^{-1}]^{\mathrm{T}} = (\mathbf{B}^{\mathrm{T}}\mathbf{A}^{\mathrm{T}})^{-1}$$

となる．ただし，それぞれの式で $\mathbf{A}$ や $\mathbf{B}$ は演算が成り立つような型（行と列の大きさ）であるものとする．

注 5-3 n 次元正規分布

$\mathbf{z}$ が n 次元正規分布 $N(\boldsymbol{\mu}, \mathbf{W})$ に従うというのは，z_i の平均値が μ_i で，分散が w_{ii}，かつ，z_i と z_j の共分散が w_{ij} となるようにそれぞれが正規分布に従うことを言う．

5　回帰分析

注5-4　残差平方和の期待値

残差平方和は，$\hat{\mathbf{b}} = (\mathbf{X}^T\mathbf{X})^{-1}\mathbf{X}^T\mathbf{y}$ であることに注意すると，
$$\mathbf{e} = \mathbf{y} - \mathbf{X}\hat{\mathbf{b}} = \mathbf{y} - \mathbf{X}(\mathbf{X}^T\mathbf{X})^{-1}\mathbf{X}^T\mathbf{y} = [\mathbf{I} - \mathbf{X}(\mathbf{X}^T\mathbf{X})^{-1}\mathbf{X}^T]\mathbf{y}$$
となるので，残差平方和は以下のように計算できる．

$$\begin{aligned}
\mathbf{e}^T\mathbf{e} &= \mathbf{y}^T[\mathbf{I} - \mathbf{X}(\mathbf{X}^T\mathbf{X})^{-1}\mathbf{X}^T]^T[\mathbf{I} - \mathbf{X}(\mathbf{X}^T\mathbf{X})^{-1}\mathbf{X}^T]\mathbf{y} \\
&= \mathbf{y}^T[\mathbf{I} - \mathbf{X}(\mathbf{X}^T\mathbf{X})^{-1}\mathbf{X}^T - [\mathbf{X}(\mathbf{X}^T\mathbf{X})^{-1}\mathbf{X}^T]^T + [\mathbf{X}(\mathbf{X}^T\mathbf{X})^{-1}\mathbf{X}^T]^T\mathbf{X}(\mathbf{X}^T\mathbf{X})^{-1}\mathbf{X}^T]\mathbf{y} \\
&= \mathbf{y}^T[\mathbf{I} - \mathbf{X}(\mathbf{X}^T\mathbf{X})^{-1}\mathbf{X}^T - [\mathbf{X}(\mathbf{X}^T\mathbf{X})^{-1}\mathbf{X}^T] + \mathbf{X}(\mathbf{X}^T\mathbf{X})^{-1}\mathbf{X}^T\mathbf{X}(\mathbf{X}^T\mathbf{X})^{-1}\mathbf{X}^T]\mathbf{y} \\
&= \mathbf{y}^T[\mathbf{I} - \mathbf{X}(\mathbf{X}^T\mathbf{X})^{-1}\mathbf{X}^T - [\mathbf{X}(\mathbf{X}^T\mathbf{X})^{-1}\mathbf{X}^T] + \mathbf{X}(\mathbf{X}^T\mathbf{X})^{-1}\mathbf{X}^T]\mathbf{y} \\
&= \mathbf{y}^T[\mathbf{I} - \mathbf{X}(\mathbf{X}^T\mathbf{X})^{-1}\mathbf{X}^T]\mathbf{y}
\end{aligned}$$

そのため，この期待値は以下のように計算できる．

$$\begin{aligned}
E(\mathbf{e}^T\mathbf{e}) &= E(\mathbf{y}^T[\mathbf{I}_n - \mathbf{X}(\mathbf{X}^T\mathbf{X})^{-1}\mathbf{X}^T]\mathbf{y}) = E(\mathrm{tr}(\mathbf{y}^T[\mathbf{I}_n - \mathbf{X}(\mathbf{X}^T\mathbf{X})^{-1}\mathbf{X}^T]\mathbf{y})) \\
&= E(\mathrm{tr}([\mathbf{I}_n - \mathbf{X}(\mathbf{X}^T\mathbf{X})^{-1}\mathbf{X}^T]\mathbf{y}\mathbf{y}^T)) = \mathrm{tr}([\mathbf{I}_n - \mathbf{X}(\mathbf{X}^T\mathbf{X})^{-1}\mathbf{X}^T]E(\mathbf{y}\mathbf{y}^T)) \\
&= \mathrm{tr}([\mathbf{I}_n - \mathbf{X}(\mathbf{X}^T\mathbf{X})^{-1}\mathbf{X}^T](\sigma^2 \mathbf{I}_n)) = \sigma^2 \mathrm{tr}([\mathbf{I}_n - \mathbf{X}(\mathbf{X}^T\mathbf{X})^{-1}\mathbf{X}^T]) \\
&= \sigma^2 [\mathrm{tr}(\mathbf{I}_n) - \mathrm{tr}(\mathbf{X}(\mathbf{X}^T\mathbf{X})^{-1}\mathbf{X}^T)] = \sigma^2 [n - \mathrm{tr}((\mathbf{X}^T\mathbf{X})^{-1}\mathbf{X}^T\mathbf{X})] \\
&= \sigma^2 [n - \mathrm{tr}(\mathbf{I}_{p+1})] = \sigma^2 (n - p - 1))
\end{aligned}$$

tr( )は行列のトレース（対角成分の和）を表す．単位行列 $\mathbf{I}$ には次元がわかりやすいように，次元数を下付き添え字としてつけている．最初の行の2番目から3番目の式への展開は，1行1列の行列のトレースはその成分の値そのものであることを使っている．1行目から2行目への変換では，$\mathbf{z}^T\mathbf{A}\mathbf{z} = \mathrm{tr}(\mathbf{z}^T\mathbf{A}\mathbf{z}) = \mathrm{tr}(\mathbf{A}(\mathbf{z}\mathbf{z}^T))$ という公式を用いている．4行目の式展開では，$\mathrm{tr}(\mathbf{A}\mathbf{B}) = \mathrm{tr}(\mathbf{B}\mathbf{A})$ という公式を用いている．

注5-5　$TSS = ESS + RSS$ の証明

$$\hat{y}_i = \hat{a} + \hat{b}_1 x_{i1} + \cdots + \hat{b}_p x_{ip}$$

とする．これをベクトルにした $\hat{\mathbf{y}}$ は，$\hat{\mathbf{y}} = \mathbf{X}\hat{\mathbf{b}}$ と書くことができる．また，正規方程式 $\mathbf{X}^T\mathbf{X}\hat{\mathbf{b}} = \mathbf{X}^T\mathbf{y}$ より，$\mathbf{X}^T(\mathbf{y} - \mathbf{X}\hat{\mathbf{b}}) = \mathbf{X}^T\mathbf{e} = \mathbf{0}$ となる．ところで，この式の第1成分だけを考えると，$\mathbf{X}^T$ の第1行はすべて1なので，$\mathbf{1}^T\mathbf{e} = 0$，すなわち残差の合計は0となる．

$$\begin{aligned}
TSS &= \sum_{i=1}^{n}(y_i - \bar{y})^2 \\
&= \sum_{i=1}^{n}[(\hat{y}_i - \bar{y}) + (y_i - \hat{y}_i)]^2
\end{aligned}$$

$$= \sum_{i=1}^{n} [(\hat{y}_i - \overline{y})^2 + 2(\hat{y}_i - \overline{y})(y_i - \hat{y}_i) + (y_i - \hat{y}_i)^2]$$

$$= \sum_{i=1}^{n} (\hat{y}_i - \overline{y})^2 + 2\sum_{i=1}^{n} (\hat{y}_i - \overline{y})(y_i - \hat{y}_i) + \sum_{i=1}^{n} (y_i - \hat{y}_i)^2$$

$$= ESS + 2\sum_{i=1}^{n} (\hat{y}_i - \overline{y})(y_i - \hat{y}_i) + RSS$$

この最後の第2項は

$$2\sum_{i=1}^{n} (\hat{y}_i - \overline{y})(y_i - \hat{y}_i)$$

$$= 2\sum_{i=1}^{n} (\hat{y}_i - \overline{y})e_i = 2(\hat{\mathbf{y}} - \overline{y}\mathbf{1})^T \mathbf{e} = 2\hat{\mathbf{y}}^T\mathbf{e} - 2\overline{y}\mathbf{1}^T\mathbf{e}$$

$$= 2(\mathbf{X}\hat{\mathbf{b}})^T\mathbf{e} - 2\overline{y}0 = 2\hat{\mathbf{b}}^T\mathbf{X}^T\mathbf{e} = 2\hat{\mathbf{b}}^T\mathbf{0} = 0$$

となるので,

$$TSS = ESS + RSS$$

が成り立つ.

注 5-6 重相関係数

重相関係数 R は,相関係数の定義から,

$$R = \frac{\sum_{i=1}^{n}(y_i - \overline{y})(\hat{y}_i - \overline{\hat{y}})}{\sqrt{\sum_{i=1}^{n}(y_i - \overline{y})^2}\sqrt{\sum_{i=1}^{n}(\hat{y}_i - \overline{\hat{y}})^2}}$$

ただし,ここで,$\overline{\hat{y}}$ は $\hat{y}_i$ の平均値である.

$$\overline{\hat{y}} = \frac{1}{n}\sum_{i=1}^{n}\hat{y}_i = \frac{1}{n}\sum_{i=1}^{n}(y_i - e_i) = \frac{1}{n}\sum_{i=1}^{n}y_i - \frac{1}{n}\sum_{i=1}^{n}e_i = \overline{y} - 0 = \overline{y}$$

となる.(残差の合計が0になることの証明は注5-5参照.)よって,

$$R = \frac{\sum_{i=1}^{n}(y_i - \overline{y})(\hat{y}_i - \overline{y})}{\sqrt{\sum_{i=1}^{n}(y_i - \overline{y})^2}\sqrt{\sum_{i=1}^{n}(\hat{y}_i - \overline{y})^2}} = \frac{(\mathbf{y} - \overline{y}\mathbf{1})^T(\hat{\mathbf{y}} - \overline{y}\mathbf{1})}{\|\mathbf{y} - \overline{y}\mathbf{1}\|\|\hat{\mathbf{y}} - \overline{y}\mathbf{1}\|}$$

$$R^2 = \frac{\left[\sum_{i=1}^{n}(y_i - \overline{y})(\hat{y}_i - \overline{y})\right]^2}{\left[\sum_{i=1}^{n}(y_i - \overline{y})^2\right]\left[\sum_{i=1}^{n}(\hat{y}_i - \overline{y})^2\right]} = \frac{[(\mathbf{y} - \overline{y}\mathbf{1})^T(\hat{\mathbf{y}} - \overline{y}\mathbf{1})]^2}{\|\mathbf{y} - \overline{y}\mathbf{1}\|^2\|\hat{\mathbf{y}} - \overline{y}\mathbf{1}\|^2}$$

$$= \frac{[(\mathbf{y} - \overline{y}\mathbf{1})^T(\hat{\mathbf{y}} - \overline{y}\mathbf{1})]^2}{TSS\|\hat{\mathbf{y}} - \overline{y}\mathbf{1}\|^2} = \frac{[[(\mathbf{y} - \hat{\mathbf{y}}) + (\hat{\mathbf{y}} - \overline{y}\mathbf{1})]^T(\hat{\mathbf{y}} - \overline{y}\mathbf{1})]^2}{TSS\|\hat{\mathbf{y}} - \overline{y}\mathbf{1}\|^2}$$

$$= \frac{[(\mathbf{y}-\hat{\mathbf{y}})^{\mathrm{T}}(\hat{\mathbf{y}}-\overline{y}\mathbf{1})+(\hat{\mathbf{y}}-\overline{y}\mathbf{1})^{\mathrm{T}}(\hat{\mathbf{y}}-\overline{y}\mathbf{1})]^2}{TSS\|\hat{\mathbf{y}}-\overline{y}\mathbf{1}\|^2}$$

ところで，分子の最初の項は，注 5 - 5 でも示したように，

$$(\mathbf{y}-\hat{\mathbf{y}})^{\mathrm{T}}(\hat{\mathbf{y}}-\overline{y}\mathbf{1}) = \sum_{i=1}^{n}(y_i-\hat{y}_i)(\hat{y}_i-\overline{y}) = 0$$

なので，

$$R^2 = \frac{(\|\hat{\mathbf{y}}-\overline{y}\mathbf{1}\|^2)^2}{TSS\|\hat{\mathbf{y}}-\overline{y}\mathbf{1}\|^2} = \frac{\|\hat{\mathbf{y}}-\overline{y}\mathbf{1}\|^2}{TSS} = \frac{ESS}{TSS}$$

となる．

注 5 - 7 交差検証（交差確認，クロス・バリデーション，cross-validation）

得られた回帰式の推定精度を検証するために，標本の一部を検証用にとっておき，残りの標本で回帰式を推定し，その回帰式を検証用にとっておいた標本で当てはまりの良さを調べる方法である．仮に，説明変数をたくさん入れて，推定に用いた標本で良く適合していても，検証用の標本で当てはまりが悪いとしたら，それは「見せかけ」だけの適合の良さであると考えられる．検証用にとっておいた標本をテスト事例集合（testing set），最初の回帰式を推定するのに用いる標本を訓練事例集合（training set）と呼ぶ．例えば，標本をランダムにほぼ等分に K 分割し，その一つをテスト事例集合，残りの $K-1$ 個を訓練事例とする．それを K 個分行って，その平均で判断するというのが一つの方法である．この方法は，K-fold cross-validation という．

5 - 3 多重共線性の問題

線形回帰分析を行う上で，しばしば問題になるのが，多重共線性（multicollinearity）の問題である．回帰分析をよく使う研究者は，「マルチコ」などと略称する．

まず，単回帰分析で以下のような状況を考えてみよう．

$$y_i \approx a+bx_i$$

というような回帰式を推定したい．このとき，x_i を常に一定としてデータをとったらどうだろうか？　おかしいではないかと言われそうである．x_i が変わらないのに b を推定できるはずはない．そのため，分析ではそのようなデー

5-3 多重共線性の問題

タの取り方は避けることになる．

　この場合は自明であったが，これが複数の変数の場合になると自明ではなくなる．もちろん，説明変数が全て一定というデータの取り方は自明ではあるが，実は，そうではない場合も同じように推定できないような場合が存在する．

　例えば，目的変数に体重，説明変数に身長と指極（両手を広げた幅の長さ）を用いて回帰分析することを考えてみよう．体重は背の高い人が重いだろうし，幅の広い人が重いだろう．ところが，実は，指極は身長とほぼ同じであることが知られている．そこで，まずは，誰でも身長と指極は同じであるとして考えてみよう．ある成人のグループのデータでは，

$$[体重[kg]] = -70 + 0.75 \, [身長[cm]]$$

であったとすると，

$$[体重[kg]] = -70 + a \, [身長[cm]] + b \, [指極[cm]]$$

と表すと $a+b=0.75$ が成り立つどのような a, b でもかまわないということになる．このことは，回帰係数が適切には求められないということを意味する．この理由は，指極が身長と線形関係があるためである．（仮に，関係があっても，線形関係でなければ，ある程度適切に求められることはある．）この場合は，身長と指極の相関は 1 であり，明らかに線形従属の関係にある．この例のように，変数同士に線形従属性があると，回帰係数の信頼度がなくなるという現象が起きる．このような現象を**多重共線性**と呼ぶ．完全な多重共線性がある時は，回帰式を推定することはできない．それは，分散共分散行列の逆行列が計算できなくなるので，回帰係数を求めることができなくなるからである．ただ，現実のデータを用いる場合は，完全に多重共線関係になることはなく，不完全な多重共線性が生じる．そのため，回帰係数は求められるものの，信頼性の低い推定値になってしまう．

　多重共線性がある時は，従属になる変数を除くか，またはそれなりの工夫をする必要がある．例えば，上の例では，指極の変数を除けば，ある程度妥当な回帰式になる．なお，多重共線性の問題があると回帰係数は不安定になるものの，目的関数の推定値自体は，さほど，問題ではない．例えば，上の例では，身長と指極の回帰係数がどのような値になろうと，推定値自体は変わらない．よって，（不完全な）多重共線性の問題があっても，被説明変数を推定するこ

とだけが目的ならば，その回帰式を用いてもかまわない．

多重共線性を調べる方法として簡易に用いられるのは，**説明変数同士の相関係数**を調べるものである．相関係数は，2つの線形性をチェックするものなので，非常に高い相関があると，多重共線性が疑われる．ただし，多重共線性とは，単に，2変数同士ではなく，より多くの説明変数同士の線形性があっても起きるので，説明変数同士の相関係数がどれも0に近いからといって，多重共線性の問題がないとは言えない．よりちゃんと調べる方法としては，説明変数同士で回帰分析を試みる方法である．これをいちいちやるのは面倒なので，例えば，SPSSと呼ばれる統計ソフトでは，**VIF**（variance inflation factor）という指標を算出してくれる．VIFとは，一つの説明変数 x_i を他の説明変数で回帰分析した時の決定係数を R_i^2 としたとき，

$$VIF = \frac{1}{1-R_i^2}$$

である．例えば，VIFが5だと，$R_i^2 = 0.8$ となり，その説明変数の8割の変動を他の説明変数で説明できているということとなり，かなり高い共線性を表していると判断できる．

多重共線性がある場合の対処として，よくある「間違い」も含めて，以下にまとめておく．

①ダミー変数の入れすぎ

ダミー変数とは，ある性質が満たされると1，そうでないと0となる変数である．例えば，性別を変数に入れたいとき，

  $D_M = 1$ if male, 0 otherwise

  $D_F = 1$ if female, 0 otherwise

という変数を両方入れるのは誤りである．$D_M + D_F = 1$ となるため，独立ではない．一般に，k 個のグループに分けた場合には，最大で $k-1$ 個のダミー変数しか入れられない．

もう一つよくある（気づきにくい）ミスは，$k-1$ 個のダミー変数のうちすべてが0となるダミー変数がある場合である．この場合は，結局，ダミー変数の和が必ず1となるので，独立ではなくなってしまう．ダミー変数を入れるときは必ず，頻度分布を求め，頻度0となるグループが無いことを確認しておこ

う.
②無視できる場合

　目的変数の推定だけが目的ならば多重共線性の問題を無視してもかまわない．ただし，回帰係数を解釈したいならば防ぐ必要がある．

③変数の削除

　多重共線性のある説明変数の片方を除いて回帰分析をしなおす．ただし，残された説明変数は，他の重要な変数の代理変数になっている可能性も考えて，回帰係数を解釈しなければならない．

④説明変数の直交化操作

　説明変数を主成分分析もしくは因子分析を行って，少ない数のお互いに独立な因子を求め，それを説明変数として用いる方法がある．

⑤データを増やす

　多重共線性の問題が軽減されるように新しいデータを追加で増やし，それを含めて回帰分析をやり直す．

5-4　結果の解釈の仕方

重回帰分析は次のようなステップを踏んで分析を行うのが安全である．
①説明変数や目的変数の値の分布をとり，十分にばらついていることを確認する．
②多重共線性のチェックをする．簡便法として，説明変数同士の相関係数が0に近いことを確かめるというのがある．この場合に，目安として0.5とか0.7（二乗が0.5程度）という数字が用いられることがあるが，強い根拠がある数字ではない．より完全にチェックするには VIF を計算することが望ましいが，それは，統計ソフトで回帰分析と一緒に算出されるので，それを用いる方が楽である．
③重回帰式自体の有意性をチェックする．これは，F 値で調べる．
④回帰係数の有意性をチェックする．これは，回帰係数の t 値で調べる．
⑤回帰係数の符号をチェックする．当然に期待される効果との符号が整合的かどうかをチェックする．

⑥重回帰式の誤差項の問題がないかチェックする．例えば，残差と変数に特異な関係があるかどうか，あるいは，時系列分析ならば系列相関（**注5-8**）があるかどうかなど．

⑦以上で問題がなければ，結果を解釈し，利用することになる．

> **注5-8** 系列相関のチェック
>
> 系列相関とは，直近の誤差項同士の相関である．これがあると，誤差項同士の独立性が疑われる．典型的には，時系列分析を行うと，前期のノイズ効果が次の期にも持続するために，プラスの誤差があると次の期もプラスの誤差がありがちになる．この場合は，正の系列相関があることになる．
>
> 系列相関のチェックには**ダービン・ワトソン比**（DW = Durbin-Watson ratio）という統計量を用いることができる．時点 t の残差を e_t としたとき，ダービン・ワトソン比は以下のように定義される．
>
> $$DW = \frac{\sum_{t=2}^{T}(e_t - e_{t-1})^2}{\sum_{t=1}^{T} e_t^2}$$
>
> 系列相関が0と言える範囲について，統計表が用意されている（Wonnacott and Wonnacott, 1970）．系列相関のある場合は，階差をとって回帰したり，操作変数を用いて，誤差項との相関のない形で推定し直す必要があるかもしれない．

5-5 重回帰分析の幾何学的解釈

重回帰分析は，幾何学的には，目的変数を説明変数が張る超平面への正射影を行っていることになる．と，急に言われてもわかりにくいので，この内容を説明する．

簡単のために，今，y_i という目的変数を x_{i1} と x_{i2} という2つの説明変数で回帰分析することを考えてみる．それぞれの全標本の値をベクトルにしたものを，**y**, **x**$_1$, **x**$_2$ とする．まず，目的変数も説明変数もすべて，それぞれの平均値を差し引いた値に変換しておく．これにより，すべての変数について，平均値は0となる．

まずは，$\mathbf{x}_1$ と $\mathbf{y}$，$\mathbf{x}_2$ と $\mathbf{y}$ の相関係数 R_1, R_2 を求めてみる．

$$R_1 = \frac{\sum_{i=1}^{n}(x_{i1}-\bar{x}_1)(y_i-\bar{y})}{\sqrt{\left[\sum_{i=1}^{n}(x_{i1}-\bar{x}_1)^2\right]\left[\sum_{i=1}^{n}(y_i-\bar{y})^2\right]}} = \frac{\sum_{i=1}^{n}x_{i1}y_i}{\sqrt{\left[\sum_{i=1}^{n}x_{i1}^2\right]\left[\sum_{i=1}^{n}y_i^2\right]}}$$

［平均値が0のため］

$$= \frac{\mathbf{x}_1^\mathrm{T}\mathbf{y}}{\|\mathbf{x}_1\|\|\mathbf{y}\|}$$

ここで，$\mathbf{x}_1$ と $\mathbf{y}$ は n 次元ベクトルであるが，そのなす角度を θ_1 とすると，内積の公式より，

$$\mathbf{x}_1^\mathrm{T}\mathbf{y} = \|\mathbf{x}_1\|\|\mathbf{y}\|\cos\theta_1$$

であるから，

$$R_1 = \cos\theta_1$$

となる．同様に，$\mathbf{x}_2$ と $\mathbf{y}$ のなす角度を θ_2 とすると，

$$R_2 = \cos\theta_2$$

となる．つまり，単相関係数は目的変数と説明変数のなす角度のコサインとして表現されるのである．

次に，重相関係数について考えてみよう．重相関係数は，回帰分析による推定値 $\hat{\mathbf{y}}$ と実際の目的変数の値 $\mathbf{y}$ との相関係数である．

$$R = \frac{\sum_{i=1}^{n}(\hat{y}_i-\bar{\hat{y}})(y_i-\bar{y})}{\sqrt{\left[\sum_{i=1}^{n}(\hat{y}_i-\bar{\hat{y}})^2\right]\left[\sum_{i=1}^{n}(y_i-\bar{y})^2\right]}} = \frac{\sum_{i=1}^{n}\hat{y}_i y_i}{\sqrt{\left[\sum_{i=1}^{n}\hat{y}_i^2\right]\left[\sum_{i=1}^{n}y_i^2\right]}} = \frac{\hat{\mathbf{y}}^\mathrm{T}\mathbf{y}}{\|\hat{\mathbf{y}}\|\|\mathbf{y}\|}$$

［$\bar{\hat{y}} = \bar{y}$ となることについては，注5-6の説明参照］

これより，$\hat{\mathbf{y}}$ と $\mathbf{y}$ のなす角度を θ とすれば，

$$R = \cos\theta$$

となる（図5-1）．

5-6 ソフトウェアでの回帰分析

重回帰分析は，MS-Excelでも簡単にできる．そのためには，アドインから分析ツールを追加しなければならないが，詳しくはエクセルの解説書などを参

5 回帰分析

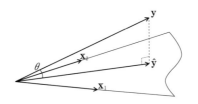

図5-1　重回帰分析の幾何学的解釈

照されたい．以下では，分析例を示す．

　ここで用いた回帰分析の計算例は，都内の賃貸住宅の家賃（円）を目的変数，住戸面積（m²），都心からの乗車時間（分），最寄り駅からの徒歩時間（分）を説明変数としたものである．ただし，これは仮想的なデータである（**表5-1**）．

　まず，説明変数同士の相関係数を求めると，**表5-2**のようになる．乗車時間と徒歩時間の相関係数は0.344で相関はあるものの，さほど高い値ではない．重回帰分析すると**表5-3**のような結果が得られる．表5-3を見ると重決定係数は0.803で比較的高い説明力を持っていることがわかる．分散分析表の分散比は35.35と高く，F値の有意確率は0.0000と極めて有意性が高い（0.05よりも小さい確率ならば，有意と考えるのが標準的）．各説明変数の有意性をチェックすると，有意確率（P-値）が0.05よりも大きいのは切片（定数項）と徒歩時間であり，特に徒歩時間はこのデータでは有意とは言えないことがわかる．つまり，このデータでは，家賃水準は，乗車時間と住戸面積でほぼ決まると言える．乗車時間は回帰係数が負となっているが，通常，都心からの乗車時間が大きくなるほど賃貸住宅の家賃は下がると想定されるので，適切な符号である．また，住戸面積の回帰係数は正となっているが，住戸面積が大きくなるほど家賃は上がると想定されるので，符号は適切である．以上より，この回帰式は有効であり，妥当な結果であると判断できる．結局，回帰式は，

　　　［家賃］＝ 29284.0−1538.8［乗車時間］−226.9［徒歩時間］
　　　　　＋3043.5［住戸面積］

となるが，このうち，定数項の95％の信頼区間は−2767.6〜61335.5であるため，±3万円程度の推定誤差はあるものと覚悟しなければならないことがわか

5-6 ソフトウェアでの回帰分析

表 5-1 都内賃貸住宅データ

家賃	乗車時間	徒歩時間	面積
34,000	21	3	19
45,000	22	11	21
47,000	22	8	20
49,000	23	6	26
54,000	25	10	18
54,000	21	16	24
56,000	19	8	23
57,000	25	15	24
58,000	22	9	18
59,000	25	3	27
62,000	27	14	29
64,000	31	16	25
66,000	23	4	20
67,000	21	3	22
69,000	14	6	22
70,000	21	9	22
71,000	22	8	25
76,000	22	10	25
79,000	27	13	27
80,000	19	12	23
83,000	27	6	26
86,000	19	7	25
89,000	25	14	37
98,000	27	4	41
102,000	17	7	33
103,000	25	9	37
106,000	27	15	42
110,000	19	8	36
121,000	22	2	36
154,000	19	10	47

表 5-2 説明変数同士の相関係数

	乗車時間	徒歩時間	面積
乗車時間	1.000		
徒歩時間	0.344	1.000	
面　積	0.143	0.087	1.000

5 回帰分析

表 5-3 回帰分析結果

回帰統計	
重相関 R	0.896
重決定 R^2	0.803
補正 R^2	0.780
標準誤差	12202.5
観測数	30

分散分析表

	自由度	変動	分散	観測された分散比	有意 F
回帰	3	15789509945	5263169982	35.35	0.0000
残差	26	3871456722	148902182		
合計	29	19660966667			

	係数	標準誤差	t	P-値	下限 95%	上限 95%
切片	29284.0	15592.8	1.878	0.072	−2767.6	61335.5
乗車時間	−1538.8	672.6	−2.288	0.031	−2921.4	−156.1
徒歩時間	−226.9	583.2	−0.389	0.700	−1425.7	972.0
面積	3043.5	297.3	10.237	0.000	2432.3	3654.6

る．都心からの乗車時間が1分延びると家賃が約1500円程度低くなり，住戸面積が1m^{2}増えると家賃が約3000円高くなることもわかる．

補遺　回帰分析関連の参考書

　回帰分析関連の参考書としては，本文中に参照した著書の他，比較的平易に解説した本としては有馬・石村（1987），東京大学教養学部統計学教室（1991），学部レベルの本としては，Chow（1983），奥野ほか（1971），東京大学教養学部統計学教室（1994）などがある．

参考文献

有馬哲，石村貞夫（1987）『多変量解析のはなし』東京図書．
蓑谷千凰彦，縄田和満，和合肇（編）（2007）『計量経済学ハンドブック』朝倉書店．
Chow, G.C. (1983) *Econometrics*, McGraw-Hill.
大野栄治（2001）「住環境の経済評価」浅見泰司（編）『住環境：評価方法と理論』
　　東京大学出版会, pp.143-167.

奥野忠一, 久米均, 芳賀敏郎, 吉澤正 (1971)『多変量解析法』日科技連.
東京大学教養学部統計学教室（編）(1991)『統計学入門』基礎統計学Ⅰ, 東京大学出版会.
東京大学教養学部統計学教室（編）(1994)『人文・社会科学の統計学』基礎統計学Ⅱ, 東京大学出版会.
Wonnacott, R. J. and T. H. Wonnacott (1970) *Econometrics*, John Wiley & Sons.（訳）『計量経済学序説』培風館 (1975).

補遺　数学基礎

(1) 集合

$X = \{2, 3, 5, 7, 11, 13, 17, 19\} = \{20\text{以下の素数}\}$

$X = \{\text{自然数}\} = \{n \in N\}$

$x \in X$ （x は X の要素である）

$X \subset Y$ （X は Y に含まれる）

N（自然数の集合），Z（整数の集合），R（実数の集合），C（複素数の集合）

(2) 必要条件，十分条件

A → B（A ならば B）：A は B の十分条件，B は A の必要条件

A → B かつ B → A：A と B は互いに必要十分条件

(3) ベクトルと行列

$\mathbf{x} = (x_1, ..., x_n)^\mathrm{T}$：ベクトル，単なる数はスカラー　　$^\mathrm{T}$ は転置（行と列を入れ替える）記号

$\mathbf{x} = \mathbf{y} \Leftrightarrow \forall i, x_i = y_i$

$\mathbf{x} + \mathbf{y} = (x_1 + y_1, ..., x_n + y_n)^\mathrm{T}$　　$k\mathbf{x} = (kx_1, ..., kx_n)^\mathrm{T}$

内積：$\mathbf{xy} = x_1 y_1 + ... + x_n y_n$　　$\mathbf{xy} = |\mathbf{x}||\mathbf{y}|\cos\theta$　　$\mathbf{xy} = 0 \Leftrightarrow |\mathbf{x}| = 0,$
　　　$|\mathbf{y}| = 0, \cos\theta = 0$（直交）

外積：$\mathbf{x} \times \mathbf{y} = \mathbf{z}$　　$|\mathbf{z}| = \mathbf{x}, \mathbf{y}$ で張る平行四辺形の面積，$\mathbf{xz} = \mathbf{yz} = 0$
　　　$(a, b, c)^\mathrm{T} \times (x, y, z)^\mathrm{T} = (bz - cy, cx - az, ay - bx)^\mathrm{T}$

線形結合：$a_1 \mathbf{x}_1 + ... + a_n \mathbf{x}_n$

一次従属：$\mathbf{x}_1, ..., \mathbf{x}_n$ の一つが他の線形結合で表される

一次独立：一次従属でないとき

行列：$\mathbf{A} = [a_{ij}]$　（m 行 n 列）

$\mathbf{A} = \mathbf{B} \Leftrightarrow \forall i, j, a_{ij} = b_{ij}$　　$\mathbf{A} + \mathbf{B} = [a_{ij} + b_{ij}]$　　$k\mathbf{A} = [ka_{ij}]$

$AB = [\Sigma_k a_{ik} b_{kj}]$

逆行列：$AX = I, XA = I \Leftrightarrow X$ は A の逆行列：A^{-1}

逆行列を持つ行列：正則行列

行列式：$|A| = a_{11}a_{22} - a_{12}a_{21}$（2×2 行列の場合）

$|A| = \Sigma_\sigma \varepsilon(\sigma) a_{1\sigma(1)} a_{2\sigma(2)} \ldots a_{n\sigma(n)}$

ただし，$\sigma(1), \sigma(2), \ldots \sigma(n)$ は $1, 2, \ldots, n$ を並べ替えたもので，任意の i, j を置き換えるという操作を何回か繰り返して得られる．その繰り返しの数を k とすると，$\varepsilon(\sigma) = (-1)^k$

余因子：$\Delta_{ij} = (-1)^{i+j} |A_{ij}|$ 　A_{ij} は A の i 行と j 列を除いた行列

余因子行列：$\mathrm{adj}A = [\Delta_{ji}]$（$ij$ でなく ji であることに注意）

$A^{-1} = \mathrm{adj}A / |A|$

(4) 線形代数

連立一次方程式：$Ax = b \quad \rightarrow \quad x = A^{-1}b$

クラメールの公式：$x_i = |a_1 \ldots b \ldots a_n| / |A|$ 　　（b は i 列に入れる，$A = [a_1 \ldots a_n]$）

階数（ランク）：$\mathrm{rank}A = A$ における一次独立な行（列）ベクトルの最大数

連立一次方程式は A の rank が n に等しいときのみ唯一解となる

固有値：$Ax = \lambda x$ となる x を固有ベクトル，λ を固有値という

$[A - \lambda I]x = 0$ となるため，$x \neq 0$ なる固有ベクトルが存在するための必要十分条件は $[A - \lambda I]$ が逆行列を持たないこと，すなわち $|A - \lambda I| = 0$ となる場合．この式を固有方程式といい，固有値を求めるのに使われる．

(5) 微分

微分係数：$f'(a) = \lim_{x \to a} \dfrac{f(x) - f(a)}{x - a}$ 　　接線の傾き，$f(x)$ が増える方向を示す

導関数：$f'(x)$

$[af(x)]' = af'(x) \qquad [f(x) \pm g(x)]' = f'(x) \pm g'(x)$

$[f(x)g(x)]' = f'(x)g(x) + f(x)g'(x)$

$\left[\dfrac{f(x)}{g(x)}\right]' = \dfrac{f'(x)g(x) - f(x)g'(x)}{[g(x)]^2}$

関数の微分

$\dfrac{d}{dx}a = 0$　　　（定数の微分）

$\dfrac{d}{dx}x^r = rx^{r-1}$　　　（r は有理数, $r \neq 0$）

$\dfrac{dy}{dx} = \dfrac{dy}{dz}\dfrac{dz}{dx}$　　　（合成関数の微分）

$\dfrac{d}{dx}e^x = e^x$, $\dfrac{d}{dx}a^x = a^x \log a$　　　（指数関数の微分, $a > 0$, $a \neq 1$）

$\dfrac{d}{dx}\log x = \dfrac{1}{x}$, $\dfrac{d}{dx}\log_a x = \dfrac{1}{x \log a}$　　　（対数関数の微分, $a > 0$, $a \neq 1$）

$\dfrac{d}{dx}\sin x = \cos x$　　$\dfrac{d}{dx}\cos x = -\sin x$　　　（三角関数の微分）

k 階の導関数：$\left(\dfrac{d}{dx}\right)^n f(x) - f^{(n)}(x)$

自然対数の底 e

$e = \lim_{n \to \infty}\left(1 + \dfrac{1}{n}\right)^n$

偏微分（他の変数を固定した場合の微分）

$\dfrac{\partial f(\mathbf{x})}{\partial x_i} = f(\mathbf{x})$ の x_i のみ動かしたときの微分

$\nabla f = [\partial f/\partial x_1 ... \partial f/\partial x_n]^{\mathrm{T}}$　　$\nabla^2 f = [\partial^2 f/\partial x_i \partial x_j]$　　（$n \times n$ の行列）

全微分：$df = f_1 dx_1 + ... + f_n dx_n$

平均値の定理：　$\exists c, a < c < b : f'(c) = [f(b) - f(a)]/(b - a)$

テイラー展開

$f(x+h) = f(x) + hf'(x) + (1/2)h^2 f''(x) + (1/3!)h^3 f^{(3)}(x) + ... + (1/n!)h^n f^{(n)}(x) + ...$
（h は小さい数）

(6) **積分**

不定積分：$\int f(x)dx$　　$\int f(x)dx = F(x) + C$ ただし, $F'(x) = f(x)$, C は積分定数

$$\int [f(x) \pm g(x)]dx = \int f(x)dx \pm \int g(x)dx$$

$$\int kf(x)dx = k\int f(x)dx \quad (k \text{ は定数})$$

$$\int x^n dx = \frac{1}{n+1}x^{n+1} + C \quad (n \neq -1)$$

$$\int \frac{1}{x}dx = \log|x| + C$$

$$\int e^x dx = e^x + C$$

$$\int a^x dx = \frac{1}{\log a}a^x + C \quad (a > 0,\ a \neq 1)$$

置換積分

$$\int f(x)dx = \int f(g(t))\frac{dx}{dt}dt = \int f(g(t))g'(t)dt$$

定積分:$\int_a^b f(x)dx = [F(x)]_a^b = F(b) - F(a)$ ただし,$F'(x) = f(x)$

微分方程式(変数分離形)

$$f(y)\frac{dy}{dx} = g(x) \quad \rightarrow \quad \int f(y)dy = \int g(x)dx$$

索　引

あ　行

位置ベクトル　117
一様分布　8
一様乱数　9
1階の条件　108
Welch の t 検定　43
重み付け集計　97

か　行

回帰分析　149
回帰平方和　159
確率　1
確率分布　3
確率密度分布　4
片側検定　39
可能解　106
加法定理　2
　排反事象の——　2
Karush-Kuhn-Tucker(KKT)条件　131, 133
間隔尺度　60, 98
基幹統計　82
期待値　28
帰無仮説　33
共分散　31
クロス・バリデーション（cross-validation）　164
群間変動　48
群内変動　48
系統抽出法　95
決定係数　159
検出力（検定力）　34
降下法　140
交差検証（交差確認）　164
格子点法　141
勾配　111
Goldstein の規則　140
国勢調査　82
混合整数計画　107

さ　行

最急降下法　142
最小二乗法　150
最頻値　7, 99
残差平方和　159
四分位　99
　——レンジ　100
四分点相関係数　101
重回帰係数　159
重回帰分析　156
従属変数　149
自由度　38
　——調整済み（adjusted）決定係数　160
十分条件　109
首座小行列式　115
主問題　136
順序尺度　60, 98
条件付き確率　2
乗法定理　3
　独立事象の——　3
スラック変数　130

正規分布　14
正規乱数　9
整数計画　107
制約条件　104
説明変数　149
　――同士の相関係数　166
線形計画　107
　――問題　134
尖度　8
全平方和　159
全変動　48
相関係数　24, 31
双対定理　137
双対問題　136
層別抽出法　95
存在定理　137

た 行

ダービン・ワトソン比　168
第一種の過誤　33
大数の弱法則　10
大数の強法則　10
大数法則　10
台帳　96
第二種の過誤　34
対立仮説　33
多重共線性　165
多段階抽出法　95
多目的関数計画　107
単回帰分析　149
単純無作為抽出法　94
中央値　6, 99
中心極限定理　16
直線探索　142
適合度検定　54
定式化　103
テイラー展開　112

動的計画　107
独立　1
独立性の検定　57
独立変数　149

な 行

ナブラ　111
2階の条件　108
二項係数　11
二項分布　10
2次形式　114
2分法　139

は 行

排反事象　1
被説明変数　149
非線形計画　107
必要十分条件　109
必要条件　109
標準誤差　154, 158
標準正規分布　14
標準得点　100
標準偏差　7, 99
標本　28
　――の大きさ　28
標本標準偏差　37
標本分散　37
標本平均　10
比率尺度　60, 98
VIF　166
不偏性　37
不偏分散　37
分散　7, 28, 99
分布の再生性　17
平均値　6
　調整平均　99

索　引

幾何平均　99
算術平均　99
調和平均　99
平均偏差　7, 99
ヘッセ行列　114
ベルヌーイ試行　10
偏差値　100
変数　103
変動係数　7, 100
ポアソン分布　13
方向探索　142
方向ベクトル　117
母集団　28
母平均　10

ま　行

名義尺度　60, 98
目的関数　103, 149

や　行

ヤコビの条件　127
有意水準　33
有意抽出法　96
ユールの関連係数　101

ら　行

ラグランジュ関数　123
ラグランジュの未定乗数　123
ランダムサンプリング　28
離散分布　3
両側検定　39
（累積）分布関数　4
レンジ　7, 100
連続分布　4

わ　行

歪度　7

●著者紹介

浅見泰司（あさみ・やすし）

1982年東京大学工学部卒業，1987年ペンシルヴァニア大学大学院博士課程修了（Ph.D.）．東京大学工学部助手，講師，助教授，空間情報科学研究センター長を経て，現在，東京大学大学院工学系研究科都市工学専攻教授．主な編著書に，『住環境：評価方法と理論』（編著，東京大学出版会，2001年），『トルコ・イスラーム都市の空間文化』（編著，山川出版会，2003年），『都市計画の理論：系譜と課題』（章担当，学芸出版社，2006年），『東京モデル：密集市街地のリ・デザイン』（共編著，清文社，2009年），『環境貢献都市　東京のリ・デザイン：広域的な環境価値最大化を目指して』（編著，清文社，2010年），『マンション建替え：老朽化にどう備えるか』（共編著，日本評論社，2012年），『人口減少下のインフラ整備』（共編著，東京大学出版会，2013年），『都市の空閑地・空き家を考える』（編著，プログレス，2014年）等．

都市工学の数理：基礎編
（としこうがくのすうり　きそへん）

2015年1月25日　第1版第1刷発行

著　者——浅見泰司
発行者——串崎　浩
発行所——株式会社日本評論社
　　　　〒170-8474　東京都豊島区南大塚3-12-4　電話　03-3987-8621（販売），8595（編集）
　　　　振替　00100-3-16
印　刷——精文堂印刷株式会社
製　本——株式会社精光堂
装　幀——菅野香里・たけちれいこ（Designstation cotocoto）
検印省略 © Y. Asami, 2015
Printed in Japan
ISBN978-4-535-78773-5

JCOPY 〈(社)出版者著作権管理機構　委託出版物〉
本書の無断複写は著作権法上での例外を除き禁じられています．複写される場合は，そのつど事前に，(社)出版者著作権管理機構（電話 03-3513-6969，FAX 03-3513-6979，e-mail: info@jcopy.or.jp）の許諾を得てください．また，本書を代行業者等の第三者に依頼してスキャニング等の行為によりデジタル化することは，個人の家庭内の利用であっても，一切認められておりません．

経済学の学習に最適な充実のラインナップ

入門｜経済学 [第4版]　（3色刷）
伊藤元重／著　2015年2月刊行予定　予価3000円

まんがDE入門経済学 [第2版]
西村和雄／著　おやまだ祥子／絵　1300円

例題で学ぶ 初歩からの経済学
白砂堤津耶・森脇祥太／著　2800円

マクロ経済学 [第2版]
伊藤元重／著　（3色刷）2800円

マクロ経済学パーフェクトマスター [第2版]
伊藤元重・下井直毅／著　（2色刷）1900円

入門｜マクロ経済学 [第5版]
中谷 巌／著　（4色刷）2800円

スタディガイド 入門マクロ経済学
大竹文雄／著　[第5版]　（2色刷）1900円

明快マクロ経済学
荏開津典生／著　（2色刷）2000円

上級マクロ経済学 [原著第3版] 6600円
D・ローマー／著　堀 雅博・岩成博夫・南條 隆／訳

ミクロ経済学 [第2版]
伊藤元重／著　（4色刷）3000円

ミクロ経済学の力
神取道宏／著　3200円

ミクロ経済学パーフェクトマスター
伊藤元重・下井直毅／著　（2色刷）1900円

明快ミクロ経済学
荏開津典生／著　（2色刷）2000円

はじめてのミクロ経済学 [増補版]
三土修平／著　2800円

ミクロ経済学 戦略的アプローチ
梶井厚志・松井彰彦／著　2300円

入門｜価格理論 [第2版]
倉澤資成／著　（2色刷）3000円

入門｜ゲーム理論
佐々木宏夫／著　2800円

入門｜ゲーム理論と情報の経済学
神戸伸輔／著　2500円

例題で学ぶ 初歩からの計量経済学 [第2版]
白砂堤津耶／著　2800円

まんがDE入門経済数学
西村和雄／著　おやまだ祥子／絵　1700円

[改訂版] 経済学で出る数学
尾山大輔・安田洋祐／編著　2100円

経済学で出る数学 ワークブックでじっくり攻める
白石俊輔／著　尾山大輔・安田洋祐／監修　1500円

入門｜経済のための統計学 [第3版]
加納 悟・浅子和美・竹内明香／著　3400円

最新 日本経済入門 [第4版]
小峰隆夫・村田啓子／著　2500円

経済論文の作法 [第3版]
小浜裕久・木村福成／著　1800円

ミクロ経済学入門　（2色刷）
清野一治／著 [新エコノミクス・シリーズ]　2200円

マクロ経済学入門 [第2版]（2色刷）
二神孝一／著 [新エコノミクス・シリーズ]　2200円

からだで覚える経済学
江良 亮・森脇祥太／著 [経済セミナー増刊]　1714円

日本評論社　http://www.nippyo.co.jp/

表示価格は本体価格です。別途消費税がかかります。